蔬食好料理

創意食譜，
健康美味
你能做！

Contents 目錄

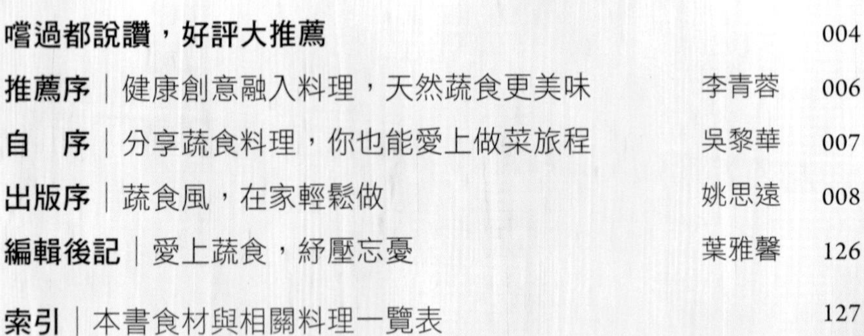

嚐過都說讚，好評大推薦 004

推薦序｜健康創意融入料理，天然蔬食更美味 李青蓉 006

自　序｜分享蔬食料理，你也能愛上做菜旅程 吳黎華 007

出版序｜蔬食風，在家輕鬆做 姚思遠 008

編輯後記｜愛上蔬食，紓壓忘憂 葉雅馨 126

索引｜本書食材與相關料理一覽表 127

Chapter1 從 3 道菜入門，試試身手吧！

娃娃菜燴紅柿	010	南瓜燒凍豆腐	014
白椰花蔬食	012	料理飄香祕訣：薑油製作	015

Chapter2 創意主食

焗烤時蔬義大利麵	019	芝麻口袋燒餅	029
藕香牛蒡蒸飯	021	荷香芋頭	031
黃金芋菇煲	023	聰明智慧糕	033
咖哩馬鈴薯	025	竹筍粉絲煲	035
全穀養生雜糧飯	027	醬瓜素肉燥	036

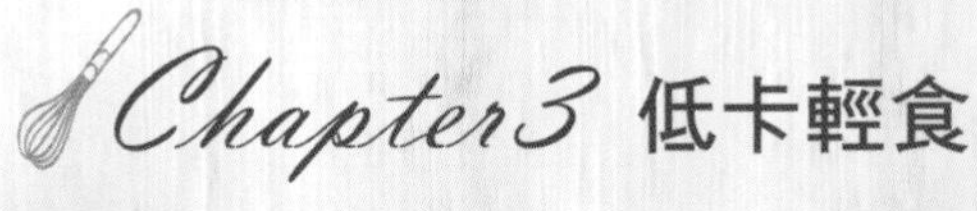

Chapter3 低卡輕食

紅椒蘆筍拌杏鮑菇	039	香菇滷味	045
百香南瓜片	041	綠椰紅茄	047
菇絲拉皮	043	涼拌梅乾苦瓜	049

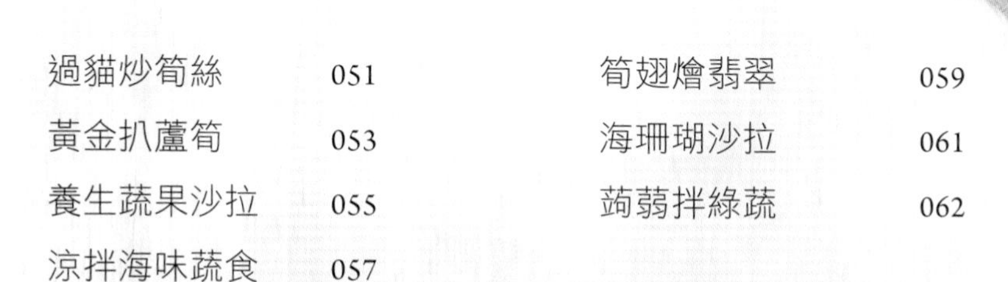

過貓炒筍絲 051
黃金扒蘆筍 053
養生蔬果沙拉 055
涼拌海味蔬食 057
筍翅燴翡翠 059
海珊瑚沙拉 061
蒟蒻拌綠蔬 062

Chapter4 樂活蔬食

雪裡紅燒皇帝豆 065
茭白筍炒鮮菇 067
糯米椒炒豆豉 069
白果綠角瓜 070
洋菇炒小黃瓜 071
娃娃菜炒蕈菇 073
香菇燜桂竹筍 075
甜椒五彩蔬 077
醋溜土豆絲 079
豇豆炒豆干 081
黑胡椒炒刺瓜 083
蓮藕菱角炒素排骨 085
紅燒冬瓜 087
芋梗炒豆醬 089
橄欖菜炒銀芽 091
蒟蒻烏蔘燴芥菜 093
鮮竹筍炒嫩薑絲 094
百頁炒青椒 095
翠綠炒香菇 097
皇宮菜燉豆腐 099
醬拌紫茄 101
薑絲炒苦瓜 103
鮮栗香菇筍 105
一品牛蒡 106

Chapter5 繽紛湯品

鮮筍香菇湯 109
苦盡甘來 111
忘憂排骨湯 113
蔬食紅燒湯 115
南瓜燴高麗菜 117
猴頭菇胡瓜湯 119
南瓜堅果濃湯 120
冬瓜百菇湯 121
枇杷銀耳蓮子湯 123
紅薯薏仁甜品 125

嚐過都說讚，好評大推薦

我的好友黎華，即將出版她的食譜，令人歡喜，愛乾淨又龜毛的她，時常分享料理，無以為報之際，她邀我寫「好食」心得，只好坦白從「寬」！

第一是「寬心」，每次見到她帶來的素食，顏色繽紛搭配得宜，還沒到嘴就口水直流！第二是「寬潤」，原來沒有葷食，也可如此澎湃豐盛，充滿喜悅。第三是「寬容」，美味爽口的菜餚，讓我們不小心就過量了，但腸胃不感負擔，反而「暢達」！第四是「寬大」，蔬食是很環保的，每天食新鮮蔬食後，都感到舒爽愉快。第五是「寬悅」，有新鮮青翠果蔬和好友的關照，滿溢感恩與喜悅之心。簡樸的生活，快樂的練習法，加上美食和好友相伴，我真是幸福喔！——**周月雲（昐谷居書法藝術協進會理事長、臺灣女書法家學會會員）**

近年來，飲食講究環保與健康，黎華的《蔬食好料理》食譜出版，更具意義。書中許多蔬菜的組合搭配極有巧思，像：涼拌梅乾苦瓜、橄欖菜炒銀芽、南瓜燴高麗菜等，在作者的創意下，吃起來都感到美味、爽口。多吃蔬食，好處多，建議不妨照著本書，在家輕鬆學做菜，你也能嘗到創意好味道！——**陳孟梧（和丞興業股份有限公司總經理）**

總覺得蔬食、素菜有個味道，說不上來，難以形容的味道。舅媽黎華煮的素菜也有個特別的味道，時而清淡爽口，時而層次多元，每一道菜除了訴求健康、美味，更給人一種安全、安心的味道。終於，蔬食在舅媽手中，是一種說得出口的味道，一種可以記在腦海的味道……——**林祝菁（工商時報證券產業新聞中心傳產組副主任）**

「快」是現今科技人的飲食生活常態，但身體卻經常超負載運行。黎華老師的蔬食料理食譜提供了一個「慢」的指南。書中，健康是本行，各類蔬食返璞歸真，讓飲食得以「慢活」呈現，在健康之外，美味的技藝更是值得讓人細細品嘗。這個令人驚喜的飲食體驗，讓身體可以輕裝卸載，但又美味繞舌，久久不散。——**林建良（台灣積體電路有限公司資深市場行銷經理）**

蔬菜是天然的食材，它的簡單與單純，讓我們可直接感受它帶來的美味，又不會成為身體負擔。吳老師的蔬食料理充分的利用蔬菜的各種特性，讓我們吃得健康且攝取到全面的營養，她顛覆了我過去對蔬食料理的刻板印象，青菜、蘿蔔不再那樣單調，她讓蔬食料理增添許多趣味，照著書中的食譜，真的可以實現天天蔬食好健康！——**姜義展（日盛期貨自營處經理、財務金融學博士）**

｜推薦序｜

健康創意融入料理，天然蔬食更美味

文／李青蓉（臺北醫學大學附設醫院營養室組長）

現代人生活富裕，山珍海味應有盡有，這麼豐富又多樣化的飲食應該會讓人更健康才對，但忙碌的現代人，因環境的變遷和飲食行為改變的影響，忽略了飲食的重要性，導致營養不均衡、身體免疫力變差、體力衰退、提早老化等現象發生，這到底是出了什麼問題？答案是飲食的質與量不均衡。飲食應該講究質與量，均衡的飲食和從天然食物中攝取足夠的營養素，即是維持健康的不二法門。

營養是健康的根本，食物是營養的來源。我們身體需要食物中的營養素來維持生命，這些營養素是醣類、脂肪、蛋白質、維生素、礦物質與水。日常活動的體力來自醣類和脂肪所產生的熱量；蛋白質是人體生長發育與組織修補的必須原料；維生素與礦物質可以調節生理生化作用。食物的種類繁多，我們每天從六大類基本食物中，選吃所需要的分量：全穀根莖類 1.5 ～ 4 碗；蔬菜類 3 ～ 5 碟；水果類 2 ～ 4 份；油脂 3 ～ 7 茶匙及堅果種子類 1 份。每日總熱量需求成年男性約 1800 ～ 2000 大卡；成年女性大約 1500 ～ 1800 大卡。

蔬菜水果中含有豐富的維生素、礦物質、纖維素及多種抗氧化物質，不僅可增加身體的免疫力、減低心臟血管疾病及其他文明病對健康的威脅，從諺語的「每日一蘋果，醫師遠離我」，到「天天五蔬果，癌症遠離我」之說，就可知蔬果對身體健康的重要性已無庸置疑。然而，天天啃蘋果的效果有限；多種類、分量夠的蔬果，才是真正「養生保健」的祕訣。

《蔬食好料理：創意食譜，健康美味你能做！》這本書，可讓想食得安心的人輕鬆地回家嘗試，將健康的創意融入料理，讓「當令、當季、當地」的天然蔬食變得更美味，享受更時尚樂活的低碳環保生活。跟著本書的步驟嘗試料理，你將會發現原來要讓身體健康，是這麼簡單就可做到的事，而且也不需要花大錢買一堆健康食品，因為蔬菜和水果就是最好的健康食物。

自序

分享蔬食料理，你也能愛上做菜旅程

文／吳黎華

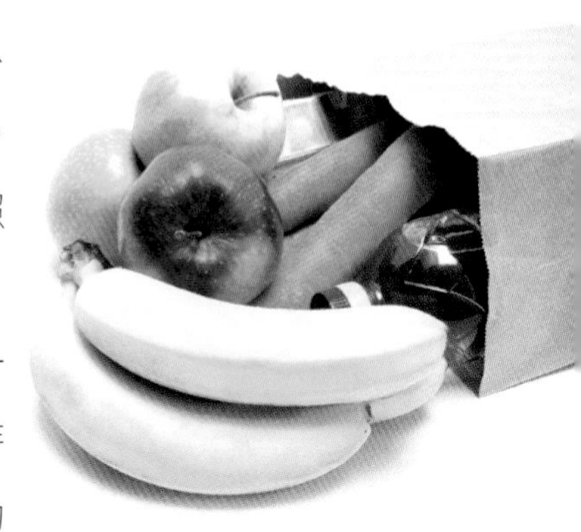

我出生於一個大家庭，在家中排行大姊，從小幫忙家事、撿菜、洗碗等，直到成家後才升任新手總舖師，洗手作羹湯，展開人生的廚藝旅程。一開始，先摸索公婆的口味，接著照顧先生和孩子的飲食，從不熟悉到愛上了做菜。

隨著年紀漸長，人生有了新的思維，心底一直在尋找一個平靜包容的歸屬，尋尋覓覓，因緣際會下走進了中台禪寺的分院精舍，踏進佛堂的剎那，莊嚴的佛法與寧靜之心感動了我。於是，在不惑之年開始跟隨中台禪寺上惟下覺大和尚學習佛法，在學習的過程中，為了幫忙師父及修行者準備素食，開始摸索如何烹飪素食，也更澈底地了解各式蔬果的特性及烹煮後的味道口感。

記得第一年準備料理時，常常於半夜靈感乍現，修改隔日準備要上桌的菜餚食譜及作法。當年先生常一邊鼓勵，一邊建議不如每年推出不同的新料理，腦海裡常浮現這一句話，也促成了我往前不斷努力，至今能與大家分享。

這一路走來，家人們成為最佳的試菜與評審員，其中，大兒子幫我替每道料理照相存檔，並給予意見，同時鼓勵不擅於考試的我去參加國家的廚師證照考試，取得第一張「素食廚師」證照後，師父讓我在適當的場合派上用場，之後也教授素食料理，教學也成為推著我持續成長的力量。

6年前，一個機緣參與《大家健康》雜誌每月「蔬食好料理」單元的食譜設計及示範，促使我學得更多，也鼓舞自己更精進。此次有機會與《大家健康》雜誌合作出版本書，期待創意的料理能讓讀者煮出美食，愛上蔬食。

這一路走來，受上惟下覺大和尚「四箴行」的教導，自己努力落實對事以真，對每一件事『會』、『熟』、『巧』『精』。更感謝長輩、先生、孩子、同事與師兄姐們的鼓勵支持，讓我在此有一片天空，我也透過本書與大家結好緣，發願將料理蔬食的美好與感動與大家分享。

台灣物產豐富，食材取得容易，真的很有福氣，願我們都能在飲食上盡一份微薄的力量，多吃蔬食來清靜自己及保護大地。

| 出版序 |

蔬食風，在家輕鬆做

文／姚思遠（董氏基金會執行長）

近年來，為了健康與環保，愈來愈多人吃蔬食，「吃蔬食」似乎成了一股流行風潮，甚至有不少人選擇周一無肉日。多吃蔬食的好處很多，不少研究也指出，新鮮的蔬食中含有大量的抗氧化物質，均衡攝取，有助於遠離心血管疾病及大腸癌等慢性疾病。

董氏基金會在食品營養的宣導上，也經常提醒國人「天天 5 蔬果」的好處，想健康，想要快樂，不必花大錢，多吃蔬果是最簡單又經濟的好方法。

此次，《大家健康》雜誌與食譜老師吳黎華合作出版《蔬食好料理：創意食譜，健康美味你能做！》一書，由臺北醫學大學附設醫院營養室組長李青蓉為本書中的每道食譜計算熱量，並在序中建議該注意的6大類食物攝取，以及每人每天所需的熱量，讓本書成為實用又健康的入門食譜書。

這幾年食安問題頻傳，該如何吃得健康？多吃蔬菜水果，幫助身體代謝，也是一個可行的方法。不少忙碌的現代人，不得已選擇外食，本書 Chapter3 及 Chapter4 也分別提供外食族輕鬆料理的「涼拌輕食」與「清炒食譜」，假日在家嘗試，不費太多時間，就能輕鬆吃到美味，而且吃得安心。

本書在食譜的設計上，除了有好創意，也摒棄傳統多油、重鹹、高熱量的食譜設計，透過一些巧思，讓菜餚熱量更低、更清爽好吃，為讀者兼顧健康和美味。

我們推出的每一本好書，都是用心製作的結晶。本書每一道料理的拍攝及編輯製作的過程，皆投入許多心血，因而呈現出比一般食譜書更為貼心實用的內容。透過這本食譜書，除讓讀者一飽眼福外，自己在家動手學習，也能做出美味的佳餚。

從 3 道菜入門
試試身手吧！

做菜，可以很自在。
簡單的食材，加一點變化，加一點體會，
一步一步，你會發現：原來自己可以輕鬆煮出好味道！

娃娃菜燴紅柿

如果要煮出 3～4 人份的娃娃菜燴紅柿，該如何做？

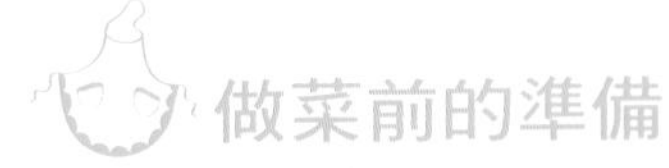

做菜前的準備

食材：大紅番茄 200g、娃娃白菜 150g。

醬料：橄欖油 1 大匙、醬油 1/2 小匙、少許太白粉、義大利綜合香料、鹽。

食材洗淨後，進行前置處理

①大紅番茄切成大塊狀，入電鍋蒸煮（外鍋加 1/2 杯水）。

②娃娃白菜洗淨對切，汆燙後擺盤。汆燙時可在水中加少許鹽、油，保持娃娃白菜翠綠。

可以炒菜了！

1. 取炒鍋放橄欖油，加入已蒸好的番茄略拌炒，再入少許鹽、醬油續炒約 1 至 2 分鐘，起鍋前再加入義大利綜合香料稍拌炒，可增添香氣。
2. 若番茄醬汁不夠濃稠，可加少許太白粉水勾芡。
3. 將煮好的番茄醬汁淋於擺盤好的娃娃白菜上，再撒上少許義大利綜合香料即可。

營養分析（1 人份）	
熱量（大卡）	74
蛋白質（公克）	1.2
脂肪（公克）	4.7
醣類（公克）	6.5
膳食纖維（公克）	1.3
菸鹼素（毫克）	0.5
鐵（毫克）	0.5
鋅（毫克）	0.3

祕訣

此料理的飄香關鍵在於「義大利綜合香料」，在超市、百貨公司、量販店或食品行都可買到。此料理高纖低脂，加入義大利麵，即可變身茄汁義大利麵。

白椰花蔬食

如果要煮出 3 ～ 4 人份的白椰花蔬食，該如何做？

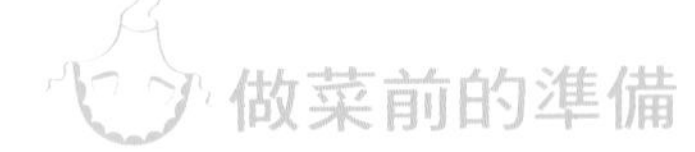

做菜前的準備

食材：白椰花菜 150g、鴻喜菇 30g、小黃瓜 50g、紅蘿蔔 20g、薑絲 5g。
醬料：橄欖油 1 大匙、鹽 1/2 小匙、香油 1 小匙。

食材洗淨後，進行前置處理

①白椰花菜切成小朵，紅蘿蔔切片後用模型壓出花紋，然後汆燙。汆燙時，可在水中加少許鹽、油，保持蔬菜顏色。

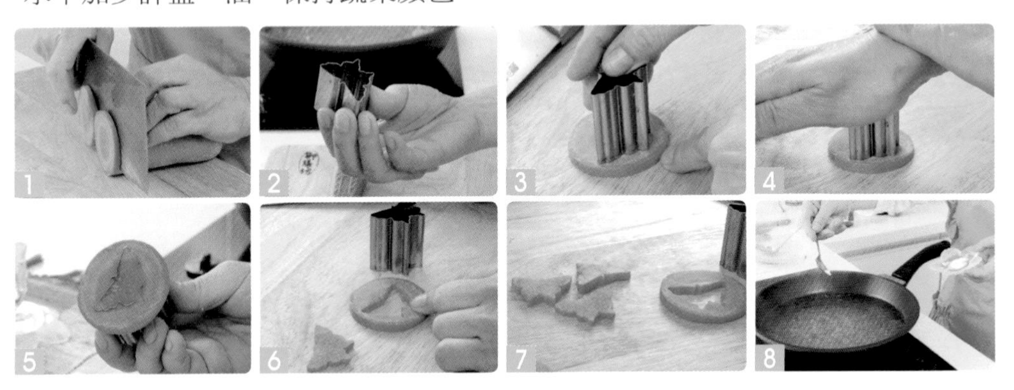

②小黃瓜切片後，拌少許鹽去澀味，再用水洗淨。

③鴻喜菇洗淨即可。洗菇類時，用水稍沖即可，千萬不要泡水。

可以炒菜了！

1. 鍋中先加橄欖油，再放食材拌炒 2、3 分鐘，接著加鹽、香油調味。
2. 依個人口感，如想吃偏軟的白椰花，可再多拌炒 1 分鐘。起鍋後擺盤，可口的佳餚上桌了。

營養分析（1 人份）	
熱量（大卡）	80
蛋白質（公克）	1.8
脂肪（公克）	6.0
醣類（公克）	4.5
膳食纖維（公克）	2.0
菸鹼素（毫克）	1.4
鐵（毫克）	0.4
鋅（毫克）	0.5

花椰菜產期：
8 月至隔年 3 月，
冬天是最佳品嘗季節

南瓜燒凍豆腐

如果要煮出 3 ～ 4 人份的南瓜燒凍豆腐，該如何做？

做菜前的準備

食材：帶皮去籽栗子南瓜 200g、凍豆腐 150g、甜豆莢 3 ～ 4 個、薑 20g。

醬料：薑油 2 大匙，醬油、醬油膏各 1 大匙，鹽、香油少許。

自製凍豆腐祕訣

準備工具：有洞可瀝乾水分的器皿。

1. 先將傳統板豆腐放在有洞可瀝乾水分的器皿上。
2. 在豆腐上方置一深盤，深盤中裝滿水，藉此重量壓出豆腐中多餘水分。
3. 靜置一段時間後，將豆腐切塊放冷凍庫冰凍即成凍豆腐。

食材洗淨後，進行前置處理

①栗子南瓜切大塊，用湯匙去籽，再分切小塊。

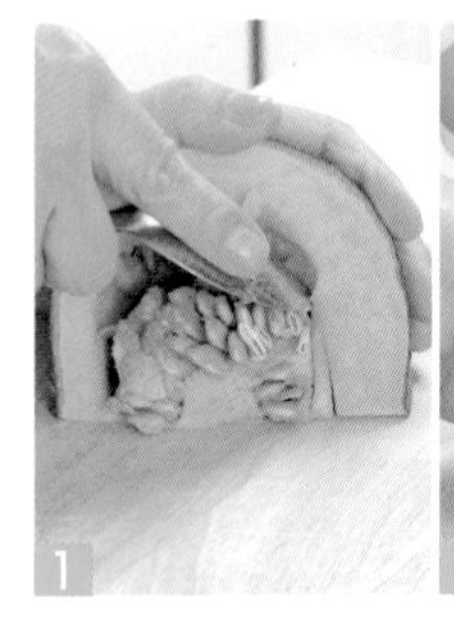

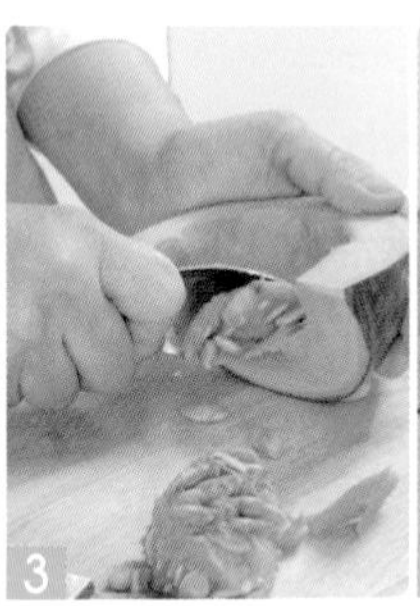

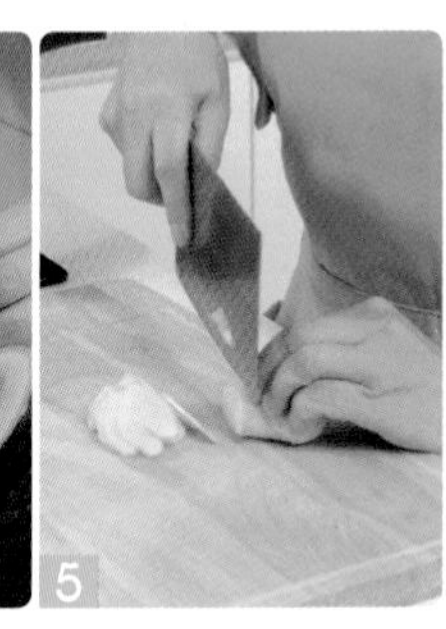

② 甜豆汆燙好備用。汆燙時可在水中加少許鹽、油，保持甜豆翠綠。
③ 將凍豆腐退冰，用手盡量壓除水分。若凍豆腐烹煮前充分壓去水分，其口感會粗中帶綿密，烹煮時更易吸收湯汁，不管煮燉或紅燒皆是極品。

料理飄香祕訣：薑油製作

1. 先用乾鍋「不加油」小火將薑片（用於其他菜色可調整為薑絲或薑末）烘去水分。
2. 待飄出薑香，再加食用油及少許麻油（用於其他菜色，可調整為香油），將薑慢慢煨出香味即成薑油。
3. 薑油可一次多做一些，放涼後裝入玻璃器皿，置於冰箱冷藏，炒中式料理時可隨時取用。

可以炒菜了！

1. 薑油加熱，稍微煎香已壓除水分的凍豆腐，再入醬油及醬油膏拌炒後，加入少許熱水煮滾，再入南瓜、少許鹽拌煮 1 ～ 2 分鐘。
2. 煮好後裝入器皿，放入電鍋蒸透約 6 ～ 8 分鐘。
3. 將蒸透後的食材裝盤，擺上先前汆燙好的甜豆裝飾，淋香油少許即可上桌。

營養分析（1 人份）	
熱量（大卡）	113
蛋白質（公克）	6.2
脂肪（公克）	6.4
醣類（公克）	7.4
膳食纖維（公克）	1.8
菸鹼素（毫克）	0.4
鐵（毫克）	1.9
鋅（毫克）	0.6

美味提醒

此示範圖準備的分量較多，剩餘食材可參考本書最末的食材索引，運用於其它料理，若買不到圖中綠皮的栗子南瓜，可改用黃皮南瓜替代。

Chapter 2
創意主食

吃膩了白米飯，你可以變化餐桌上的主食，
加點起士、咖哩，讓飯麵更有異國食尚風味，
或是把南瓜、芋頭、蓮藕、牛蒡等澱粉類食物當主食，
加一點巧思，讓飯、麵更可口，營養更加分！

焗烤時蔬義大利麵

食材

義大利螺旋麵 100 g、高麗菜 1/4 棵 250g、綠椰花 50g、
白椰花 50g、鮮香菇 5 朵 250g、紅蘿蔔 50g。（可煮 10 人份）

調味

橄欖油、鹽少許、起士片 2 片 30g、起士條 20g、牛奶 50g、白胡椒粉 1 小匙、
麵粉 30g、奶油 1 大匙。

作法

1. 鮮香菇切塊乾鍋炒香備用。綠椰花、白椰花切小朵汆燙備用。
2. 高麗菜、紅蘿蔔切塊備用。
3. 在水中加少許油、鹽煮義大利麵，待義大利麵浮起即撈起備用。
4. 將橄欖油及奶油入炒鍋，用小火融成液狀，分多次加入麵粉攪拌，再分數次加入水和牛奶，攪拌均勻製成白醬。
5. 先炒高麗菜、紅蘿蔔、綠椰花、白椰花，然後入香菇、義大利麵及白醬拌勻調味。
6. 將上述食材裝入烤盤，撒上披薩用起士條、起士片，入烤箱烤成金黃色即可食用。

美味提醒

1. 可依個人喜好決定是否要焗烤。
2. 製作白醬時，要轉小火，且分多次加入麵粉、牛奶跟水，勿一次加太多麵粉、以免麵粉結塊。

營養分析（1 人份）	
熱量（大卡）	135
蛋白質（公克）	4.1
脂肪（公克）	6.7
醣類（公克）	14.3
膳食纖維（公克）	2.0
菸鹼素（毫克）	1.2
鉀（毫克）	184.2
鐵（毫克）	0.6

營養分析（1人份）

熱量（大卡）	223
蛋白質（公克）	4.8
脂肪（公克）	3.6
醣類（公克）	42.7
膳食纖維（公克）	1.4
菸鹼素（毫克）	1.3
鉀（毫克）	145.4
鐵（毫克）	0.3

藕香牛蒡蒸飯

食材

牛蒡 100g、蓮藕 100g、乾香菇 3 朵 10g、白米 4 杯 500g、四季豆 20g。（這些材料約可煮出 10 碗飯）

調味

醬油 1 中匙 。

作法

1. 乾香菇用少許水軟化後切丁。牛蒡及蓮藕洗淨削皮後，切小丁備用。
2. 炒香食材調味後，加入米及水入電鍋蒸煮，煮熟攪拌後再燜 15 分鐘。
3. 四季豆簡單過熱水，勿汆燙太久，以保翠綠，待溫涼後切小丁。
4. 裝盤後，灑上四季豆增加配色即可。

美味提醒

1. 蒸煮時，水分與平常煮白米飯一樣。
2. 建議調味不可過重，味道淡些，才可品嚐到牛蒡及蓮藕獨有的香氣。

軟化乾香菇祕訣

傳統處理乾香菇作法是泡水軟化，但香菇的香氣與滋味都流失到水中，建議換個做法——不泡水，先以溫水將乾香菇沖洗 3 次，再將微濕的香菇放入塑膠袋密封約 2 至 3 小時即軟化。如此處理之乾香菇與泡水香菇差異甚大，既香又 Q，不管煮、炒、燉皆十分可口。忙碌的上班族，可早上出門前先將乾香菇洗淨，放入塑膠袋，置於冰箱冷藏，待下班回家即可取出烹煮。

黃金芋菇煲

食材

南瓜 600g、芋頭 300g、乾香菇 15g、草菇 100g、皇帝豆 20g。（可煮 12 人份）

南瓜盛產期：3 至 10 月

調味

麵粉 2 大匙，橄欖油 2 大匙、鹽適量。

作法

1. 麵粉用乾鍋炒香後放涼，不開火狀態下加入橄欖油拌勻後，加水煮成白醬，盛起備用。
2. 小朵乾香菇先軟化備用。
3. 皇帝豆汆燙備用。
4. 黃金南瓜、芋頭切成塊狀後，用電鍋蒸熟。
5. 炒鍋爆香香菇及草菇後，入南瓜、芋頭及白醬煮滾，加鹽調味。
6. 最後將食材盛鍋，在菜餚上放皇帝豆點綴即可。

營養分析（1 人份）	
熱量（大卡）	159
蛋白質（公克）	4.3
脂肪（公克）	4.5
醣類（公克）	25.3
膳食纖維（公克）	3.1
菸鹼素（毫克）	1.9
鐵（毫克）	1.3
鋅（毫克）	1.4

軟化乾香菇祕訣

先以溫水將乾香菇洗淨 2 至 3 次，再將微濕的乾香菇放入塑膠袋密封約 2 至 3 小時即軟化，如此處理之乾香菇能保留香氣與口感，比直接泡水軟化的無味乾香菇好吃。

咖哩馬鈴薯

食材

馬鈴薯 2 個 500g、洋菇 5 朵 100g、紅蘿蔔 1 條 250g、綠椰花 1 個 100g。（可煮出 12 人份）

馬鈴薯盛產期：1、2 月

調味

鹽少許、咖哩粉 2 大匙、麵粉 1 大匙、糖 1 小匙。

作法

1. 馬鈴薯、紅蘿蔔切塊水煮備用。
2. 洋菇對切後不加油，以乾鍋炒香備用。
3. 麵粉、咖哩粉入乾鍋炒香，加油拌勻，最後加水調勻製成咖哩糊。
4. 馬鈴薯、洋菇、紅蘿蔔入咖哩糊，一同熬煮，加入鹽、糖調味即成。

美味提醒

擺盤時，可放幾朵事先汆燙的綠椰花點綴更營養。

營養分析（1 人份，不含飯）	
熱量（大卡）	146
蛋白質（公克）	4.1
脂肪（公克）	4.9
醣類（公克）	21.5
膳食纖維（公克）	4.5
菸鹼素（毫克）	1.9
鉀（毫克）	522.7
鈣（毫克）	3.2

營養分析（1人份）

營養分析（1人份）	
熱量（大卡）	295
蛋白質（公克）	11.4
脂肪（公克）	4.1
醣類（公克）	53.5
膳食纖維（公克）	4.7
維生素B1（毫克）	0.3
維生素B1（毫克）	0.08
維生素B（毫克）	2.6

食材

①糙米 250g、黑糯米、（紅）薏仁、燕麥、高粱、小麥、紅豆、乾蓮子、米豆、芡實等各 50g。

②黑豆、黃豆各 25g。

③小米、蕎麥各 25g。

④堅果類：腰果、核桃、松子適量。（這些材料約可煮出 10 碗雜糧飯）

全穀養生雜糧飯

作法

1. 將①全穀雜糧和②黑豆、黃豆分別洗淨後泡水，泡水比率為「水 1：米 1」、「水 1：豆 1.3」。冬天約泡水 6 ～ 8 小時，夏天則泡水 5 ～ 6 小時。
2. 食材③小米、蕎麥不泡水。
3. 將泡好水的②豆類，先入電鍋蒸 20 分鐘。蒸好趁熱倒入已泡好的雜糧內，再加入③小米、蕎麥及④堅果類混合，置瓦斯爐上煮滾後轉小火。
4. 用小火烹煮時，記得先用筷子將鍋裡的米飯搓洞，以免鍋底的飯會焦黑。
5. 小火煮約 20 分鐘至水完全收乾，移入電鍋，外鍋置水 2 杯。
6. 電鍋加熱鍵跳起後，攪拌翻動鍋內的食材，再保溫燜些時候即可放涼。
7. 待全穀雜糧飯冷卻後，裝入小包裝密封袋，若2天內就會吃完，可置於冰箱冷藏。
8. 之後要吃時，先將小包裝的全穀雜糧飯退冰，等白米飯煮好，再適量拌入全穀雜糧飯，上桌前撒上黑、白芝麻即完成。白米飯多一個變化，家人孩子更愛吃。

美味提醒

全穀養生雜糧飯可一次煮多些，若 2 天內無法吃完，直接放冷凍庫保存。等要食用時，取出當餐要吃的量，退冰後加點巧思，即可變成焗烤雜糧飯、雜糧鹹粥、甜寶粥等。

1. **如果想吃「焗烤雜糧飯」**：將雜糧飯置於磁盤，加點香菇醬油，撒上青椒丁、番茄丁、胡椒粉、起士絲、白醬，放入烤箱即成。
2. **如果想吃「雜糧炒飯」**：記得先炒香配料，再放入雜糧飯炒勻即可。
3. **如果想吃「雜糧齋飯」**：將配料稍微炒香，拌入雜糧飯一起入電鍋蒸熱即可。
4. **如果想吃「雜糧鹹粥」**：可加入水、紅蘿蔔丁、玉米粒、香菇丁、鹽、醬油少許煮成粥，上桌前灑上芹菜末及胡椒粉即可。
5. **如果想吃「甜寶粥」**：加水煮成粥後，加黑糖調味即可。
6. **如果想喝「穀類飲品」**：加入牛奶、布丁及水，自行調整稠度，這道營養飲品即可作為早餐。

營養分析（1人份）

熱量（大卡）	239
蛋白質（公克）	5.8
脂肪（公克）	12.8
醣類（公克）	25.2
膳食纖維（公克）	1.8
菸鹼素（毫克）	0.3
鐵（毫克）	1.8
鋅（毫克）	0.5

芝麻口袋燒餅

食材

杏鮑菇 30g、紅蘿蔔 15g、豆干 20g、黑木耳 20g、榨菜 15g、花生米 10g、未剪開的芝麻燒餅 2 片。（燒餅剪開後，可做出 4 人份）

調味

香油少許、醬油膏 1 小匙、地瓜粉少許、鹽 1/2 小匙、食用油 2 大匙。

作法

1. 杏鮑菇、紅蘿蔔、豆干、黑木耳、榨菜洗淨後都切成細絲。
2. 杏鮑菇絲淋上香油及醬油膏稍拌入味後，撒上地瓜粉過油，起鍋備用。
3. 煎香豆干條，與榨菜絲炒香後，加入杏鮑菇絲、紅蘿蔔絲、黑木耳絲炒香再以少許鹽調味。
4. 將燒餅對開剪成口袋狀，裝入食材，再撒上花生米碎粒，即可食用。

購買燒餅時，提醒老闆勿剪開，自行回家剪成口袋狀，以便裝入內餡。

荷香芋頭

食材

芋頭 1 個 600g、乾香菇 2 朵、素肉末 20g、蓮藕粉 2 大匙、荷葉 1/2 張。（可煮 8 人份）

芋頭盛產期：11 月至隔年 4 月

調味

醬油、白胡椒粉。

作法

1. 將荷葉泡熱水洗淨，鋪在蒸籠內（荷葉用熱水泡才易散發香氣）。
2. 蓮藕粉用水拌勻備用。
3. 芋頭切小丁，先炒香芋頭丁，再淋上蓮藕水拌勻，再置於蒸籠內，入電鍋蒸約 20 分鐘。
4. 利用蒸芋頭的時間，製作香菇素肉燥。
5. 先將香菇軟化切丁（軟化乾香菇祕訣，請見 P.21），素肉末泡水洗淨，再擠掉水分備用。
6. 用油爆香素肉末後，放入香菇及醬油、水等拌炒調味即成香菇素肉燥，將其淋在蒸好的荷香芋頭上即可上桌。

營養分析（1 人份）	
熱量（大卡）	174
蛋白質（公克）	5.0
脂肪（公克）	6.1
醣類（公克）	24.8
膳食纖維（公克）	2.4
菸鹼素（毫克）	0.9
鉀（毫克）	468.6
鋅（毫克）	2.0

營養分析（1人份）

項目	數值
熱量（大卡）	180.0
蛋白質（公克）	5.3
脂肪（公克）	2.7
醣類（公克）	33.5
膳食纖維（公克）	2.0
菸鹼素（毫克）	1.1
鐵（毫克）	2.9
鋅（毫克）	0.6

聰明智慧糕

食材

糯米 300g、糯米粉 100g（電鍋量杯 1 又 1/4 杯）、在來米粉 40g（電鍋量杯 1/2 杯）、海苔 3 張、水 120CC（電鍋量杯 1 又 1/2 杯）、不沾紙 1 張。（可做 12 人份）

調味

鹽 1/2 小匙、胡麻油少許。

沾醬料 1：醬油膏、花生粉、香菜（亦可用九層塔）。

沾醬料 2：將豆腐乳 1 塊壓碎後，加蕃茄醬 100CC 攪拌均勻。

作法

1. 糯米洗好泡水 3 小時後濾乾。
2. 海苔撕碎加水 120CC，將軟化的海苔拌勻。
3. 糯米粉、在來米粉、糯米攪拌均勻後，加鹽 1/2 小匙、2 滴胡麻油及海苔水拌勻。
4. 用平底有深度的盤子鋪上不沾紙，在紙上抹少許油，倒入上一個做法的食材，再用湯匙沾點油抹平表面。
5. 入電鍋蒸約 30 分鐘（筷子插入不沾粘表示已蒸熟）。
6. 待涼切塊沾醬，沾醬擇一即可。

營養分析（1人份）

熱量（大卡）	93
蛋白質（公克）	3.7
脂肪（公克）	4.6
醣類（公克）	9.2
膳食纖維（公克）	2.5
菸鹼素（毫克）	0.7
鐵（毫克）	1.4
鋅（毫克）	0.5

竹筍粉絲煲

食材

去殼綠竹筍 500g、乾香菇 10g、海帶結 250g、乾冬粉絲 50g、油豆腐 200g。（可煮 12 人份）

綠竹筍盛產期：6 至 8 月

調味

薑末 5g、食用油 2 大匙、香油 1 小匙、素蠔油 2 大匙、胡椒粉 1 小匙、鹽少許。

作法

1. 海帶結洗淨、鮮竹筍對切後，加水一起放入電鍋蒸熟（外鍋加 1 杯水）。
2. 取出蒸熟的竹筍，切手指般粗的條狀備用。
3. 留下蒸海帶與竹筍的水，作現成的高湯。
4. 油豆腐洗淨後汆燙，再對切備用。乾香菇軟化後切細條。（軟化乾香菇祕訣，請見 P.21）
5. 乾冬粉絲用水泡軟後剪斷。
6. 將粉絲置於砂鍋底層，上置鮮竹筍、海帶結、乾香菇、油豆腐。
7. 另取一炒鍋，製作薑油，再入素蠔油及高湯，煮滾後加入胡椒粉、鹽調味，最後將湯汁淋於食材上即可。

美味提醒

1. 若想湯汁濃稠些，可加少許蓮藕粉水或太白粉水勾芡。
2. 煮好後要盡快吃，以免粉絲吸收太多湯汁，失去 Q 度。喜歡 QQ 口感者，粉絲可換成較寬的粉條。

料理飄香祕訣：薑油製作

1. 先用乾鍋「不加油」小火將薑末烘去水分。
2. 待飄出薑香，再加食用油及少許香油，將薑慢慢煨出香味即成薑油。

醬瓜素肉燥

食材

薑末 10g、濕素肉末 300g、醬瓜 150g、紅蘿蔔 100g。（這些材料約可搭配 8 碗飯）

調味

香油 1 小匙、食用油 2 大匙、醬油 2 大匙、冰糖少許、胡椒粉少許、五香粉少許。

作法

1. 素肉末泡水後洗淨，擠掉水分備用。
2. 醬瓜、紅蘿蔔切丁備用。
3. 以薑末、香油、食用油製成薑油（詳細作法可見 P.15）。
4. 用薑油爆香素肉末，待素肉末呈金黃色後加入醬瓜、醬油拌炒，再加少許熱水、冰糖、香油等料煮透後，再入紅蘿蔔丁。
5. 起鍋前加入少許胡椒粉及五香粉即可上桌，拌麵拌飯皆可口。

美味提醒

炒素肉末時，加少許冰糖可增加色澤，若使用的是罐頭醬瓜，本身已有甜味，冰糖可減量使用。

營養分析（1 人份，不含飯）	
熱量（大卡）	88
蛋白質（公克）	2.0
脂肪（公克）	5.9
醣類（公克）	6.7
膳食纖維（公克）	1.5
菸鹼素（毫克）	0.3
鐵（毫克）	1.6
鋅（毫克）	0.2

Chapter 3

低卡輕食

南瓜只能蒸煮嗎？不妨換個做法，
將生南瓜切薄片，加百香果汁、蜂蜜拌一拌，
即變身酸甜爽脆的開胃菜！
簡單幾步驟，就能做出爽口無負擔的輕食，
讓自己享受料理的樂趣。

紅椒蘆筍拌杏鮑菇

食材

杏鮑菇 300g、粗蘆筍 200g、紅甜椒 30g。（可做 6 人份）

調味

鹽少許、胡椒粉 1/2 小匙、香油 1 小匙。

作法

1. 紅甜椒、蘆筍洗淨後切丁，入水汆燙（水中加少許油鹽，可保蔬菜翠綠）。
2. 杏鮑菇洗淨後切丁。
3. 將紅甜椒丁、粗蘆筍丁、杏鮑菇丁入鍋，以乾鍋炒香後拌鹽、香油及胡椒粉即可起鍋。

美味提醒

1. 菇類可用廚房紙巾擦拭，千萬不可泡水。
2. 乾鍋不加油直接炒菇，菇會甜又香（亦可用烤）。

營養分析（1 人份）	
熱量（大卡）	43
蛋白質（公克）	1.8
脂肪（公克）	2.0
醣類（公克）	4.3
膳食纖維（公克）	2.1
菸鹼素（毫克）	0.7
鐵（毫克）	0.5
鋅（毫克）	0.4

百香南瓜片

食材

南瓜 150g。（可做 6 人份）

調味

百香果肉 30g、蜂蜜 2 小匙、鹽 1/2 匙。

百香果盛產期：夏季

作法

1. 南瓜洗淨後，去皮去籽，切 0.2 公分薄片，拌少許鹽軟化後沖冷開水。
2. 將南瓜薄片與新鮮百香果肉、少許蜂蜜拌勻後，靜置 30 分鐘即可。

美味提醒

1. 涼拌用的食材，必須先用冷開水沖淨。
2. 新鮮百香果肉偏酸，加入少許蜂蜜，可調和酸味，讓風味更佳。
3. 若希望更入味，可前一晚拌勻食材，放入冰箱冷藏，隔日食用味道更佳。

營養分析（1 人份）	
熱量（大卡）	48
蛋白質（公克）	1.4
脂肪（公克）	0.3
醣類（公克）	9.8
膳食纖維（公克）	1.4
菸鹼素（毫克）	0.5
鐵（毫克）	0.3
鋅（毫克）	0.3

菇絲拉皮

食材

小黃瓜 170g、紅蘿蔔 130g、綠豆粉皮 100g、杏鮑菇 1 大支 50g。（可做 6 人份）

小黃瓜盛產期：3 至 9 月

沾醬

芝麻醬 2 大匙、醬油 1 大匙、香油 1 小匙、鹽 1 小匙、糖水 2 大匙、芥末 1 小匙。

作法

1. 杏鮑菇洗淨後，用電鍋蒸熟，待涼撕成絲，綠豆粉皮切條備用。
2. 小黃瓜及紅蘿蔔洗淨後切絲，分別拌鹽去掉澀味後，過熱水氽燙。
3. 將芝麻醬、醬油、香油、鹽、糖水、芥末攪拌均勻成沾醬。
4. 將小黃瓜絲、紅蘿蔔絲、綠豆粉皮、杏鮑菇絲由下往上堆疊後，沾醬即可食用。

營養分析（1 人份）	
熱量（大卡）	83
蛋白質（公克）	2.2
脂肪（公克）	3.4
醣類（公克）	10.8
膳食纖維（公克）	2.2
菸鹼素（毫克）	0.8
鐵（毫克）	1.8
鋅（毫克）	0.7

香菇滷味

食材
綜合蒟蒻 300g、乾鈕扣香菇 12 朵 30g、海帶結 150g、薑片少許。（可做 6 人份）

調味
滷包 1 小包、醬油膏 1 大匙、醬油 1 大匙、冰糖 1 小匙、香油 1 小匙。

作法
1. 早上出門前先將乾香菇用溫水沖洗 3 次後，入塑膠袋密封，置於冰箱冷藏，待其自然軟化，口感更香 Q，下班回家即可取出烹調。
2. 蒟蒻用醋水（水 + 白醋 1 大匙）汆燙後洗淨。
3. 用薑油將香菇爆香，加調味料（滷包、醬油膏、醬油、冰糖）及水（水要淹過食材）煮滾，煮滾後放入電鍋蒸 20 分鐘。
4. 電鍋開關跳起後，取出內鍋，讓食材在湯汁內泡 20 分鐘後撈起。
5. 擺盤時可加入汆燙過的娃娃菜，更顯可口。

美味提醒
1. 薑油作法：先用乾鍋「不加油」小火將薑片烘去水分，再加食用油及少許香油，將薑慢慢煨出香味。
2. 素滷包作法：可選花椒、八角、桂皮製成，或買現成滷包。
3. 冰糖的作用是緩和鹹味，並使料理色澤鮮亮。
4. 食材煮熟後，在湯汁內泡 20 分鐘即撈起，讓湯汁與滷味分開保存，可避免滷味過鹹或太軟爛。若吃不完，可分別保留一部分滷料與湯汁，下次用餐前再混和加熱即可。

營養分析（1 人份）	
熱量（大卡）	47.5
蛋白質（公克）	2.3
脂肪（公克）	1.1
醣類（公克）	7.2
膳食纖維（公克）	2.7
菸鹼素（毫克）	1.9
鉀（毫克）	380.9
鐵（毫克）	0.5

綠椰紅茄

食材

大紅番茄2顆200g、綠椰花1朵150g、杏鮑菇2支80g。（可做5人份）

調味

梅子粉、芥末1小匙+醬油。

作法

1. 紅番茄洗淨後切半圓片。
2. 綠椰花先用菜刀削去梗上的粗皮，切小朵後汆燙（水中加少許油、鹽，可保翠綠），之後以冷開水沖涼。
3. 杏鮑菇洗淨後汆燙再切片。
4. 選一圓盤，依次將番茄片、杏鮑菇片、綠椰花由外而內擺盤，紅番茄灑梅子粉，其它沾芥末醬食用。

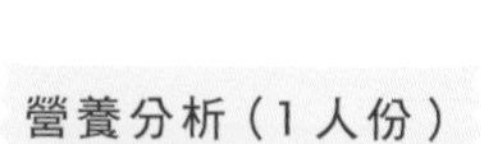

營養分析（1人份）

熱量（大卡）	35
蛋白質（公克）	2.8
脂肪（公克）	0.3
醣類（公克）	5.2
膳食纖維（公克）	2.2
菸鹼素（毫克）	0.7
鐵（毫克）	0.7
鋅（毫克）	0.4

食材

綠苦瓜去囊籽 220g、梅乾菜 100g、現成漬半天筍 100g、紫蘇梅 3 至 5 粒、紅辣椒粒 5g。(可煮 6 人份)

苦瓜盛產期：6 月至隔年 3 月

涼拌梅乾苦瓜

調味

食用油、香油少許、薑絲 10g（製薑油用）、紫蘇梅汁 80 g、鹽少許、冰糖 1 小匙。

作法

1. 將去囊籽的綠苦瓜切細條，汆燙後瀝乾冰鎮，放入紫蘇梅汁中浸泡，再入冰箱冷藏 2 小時。
2. 漬半天筍洗淨後切細絲，汆燙後放涼備用。
3. 梅乾菜洗淨後切細絲備用。
4. 製作薑油：以小火乾鍋先煸薑絲，煎去多餘水分後，再加食用油及少許香油煎香。
5. 以薑油炒香梅乾菜絲及紅辣椒粒，之後入冰糖、鹽調味待涼。
6. 將冷卻的梅乾菜絲鋪於盤底，漸次擺上半天筍絲及綠苦瓜條。
7. 最後將紫蘇梅擺於最上方點綴即可。

美味提醒

1. 此道涼拌菜變化極大，可隨各人喜愛搭配不同食材，如將漬半天筍絲換成竹筍絲。
2. 綠苦瓜去囊、內壁沙棉及籽，可減少苦味。
3. 若沒有紫蘇梅汁，想降低綠苦瓜苦味，可將綠苦瓜切成更薄的薄片汆燙，但汆燙時間要縮短，以免苦瓜失去脆度。
4. 想降低綠苦瓜苦味，亦可將紫蘇梅的份量增加，去除籽後，切丁灑在食材上一起食用。

營養分析（1 人份）	
熱量（大卡）	85
蛋白質（公克）	1.6
脂肪（公克）	3.6
醣類（公克）	12.3
膳食纖維（公克）	3.3
菸鹼素（毫克）	0.5
鐵（毫克）	2.7
鋅（毫克）	0.6

過貓炒筍絲

食材

過貓 250g、筍絲 30g、薑絲 10g、紅蘿蔔絲 10g。（可做 4 人份）

過貓盛產期：5 至 10 月

調味

食用油 2 小匙、香油 1 小匙、鹽 1 小匙。

作法

1. 過貓洗淨後，將梗與其他部位分開；筍絲以水汆燙後備用。
2. 燒一鍋水，放油、鹽 0.5 小匙，先汆燙過貓梗部，稍後再汆燙嫩葉，之後撈起備用。
3. 炒鍋加油將薑絲爆香，先炒筍絲及紅蘿蔔絲，稍後再入過貓，最後以鹽及香油調味。

美味提醒

1. 過貓是蕨類菜，又稱過溝菜蕨，與龍鬚菜（佛手瓜的嫩鬚）為不同食材。
2. 汆燙蔬菜時，水中加少許油、鹽，可保菜葉翠綠，拌炒時油量亦可減少。
3. 梗與葉分開汆燙，可避免熟度不一。

營養分析（1 人份）	
熱量（大卡）	73
蛋白質（公克）	2.5
脂肪（公克）	6.0
醣類（公克）	2.2
膳食纖維（公克）	2.3
菸鹼素（毫克）	1.4
鐵（毫克）	1.1
鋅（毫克）	0.5

黃金扒蘆筍

食材

南瓜（1/2 個）300g、蘆筍 100g、薑 3 片。（可做 5 人份）

南瓜盛產季：3 至 10 月

調味

香油、太白粉（葛根粉）、鹽少許。

作法

1. 先將南瓜切塊並蒸熟。
2. 蘆筍汆燙後對切，拌少許鹽及香油備用。
3. 製作薑油：以小火乾鍋先煸薑片，去除多餘水分後，再加入食用油及少許香油煎香備用。
4. 取兩塊蒸熟的南瓜，用薑油炒香後壓成泥，加少許太白粉水勾芡製成濃稠醬汁，淋於食材上即可。

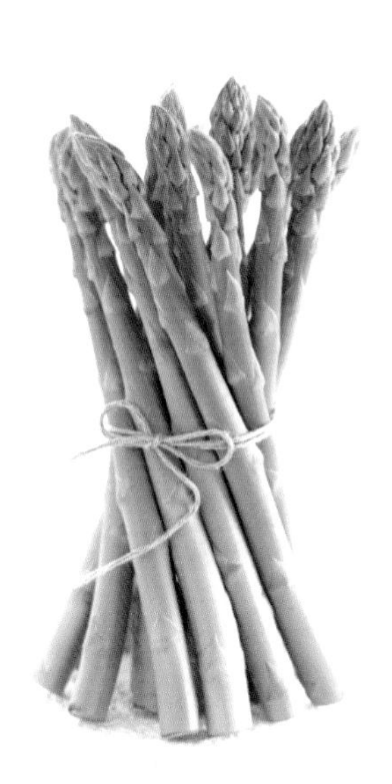

營養分析（1 人份）

熱量（大卡）	71
蛋白質（公克）	1.5
脂肪（公克）	2.1
醣類（公克）	11.5
膳食纖維（公克）	1.4
菸鹼素（毫克）	0.7
鉀（毫克）	184.6
鈣（毫克）	10.1

養生蔬果沙拉

食材

山藥 200g、萵苣 100g、黃甜椒 100g、紅甜椒 100g、黑蒟蒻 50g、櫻桃 12 粒、綠椰花數朵、檸檬 3 片。（可做 6 人份）

山藥盛產期：9 月至隔年 4 月

調味

桂花醬、蜂蜜、梅子醋，比例 1：2：1，醬汁酸甜度可隨家人喜歡做調整。

作法

1. 萵苣洗淨泡檸檬冰水後撕片。
2. 將山藥去皮洗淨，切成粗條狀。
3. 黃甜椒洗淨去籽切條後與綠椰花數朵快速汆燙（水中加鹽及少許油）後漂涼。
4. 黑蒟蒻切塊用醋水汆燙後漂涼。
5. 將食材盛入透明餐具即可上桌。

美味提醒

山藥會產生黏液，建議上桌時先不淋醬汁，待蔬果沙拉盛入自己餐盤裡再淋醬汁攪拌，視覺上會更美觀。

營養分析（1 人份）	
熱量（大卡）	58
蛋白質（公克）	1.0
脂肪（公克）	0.5
醣類（公克）	12.1
膳食纖維（公克）	1.3
菸鹼素（毫克）	0.3
鉀（毫克）	167.0
鐵（毫克）	0.3

涼拌海味蔬食

食材

紅蘿蔔 80g、高麗菜 100g、豆干 80g、乾海帶芽 5g。（可做 3 人份）

高麗菜盛產期：8 月至隔年 4 月

調味

胡麻油適量、烏醋、七味粉、鹽少許。

作法

1. 高麗菜切絲，並抓鹽沖冰水，再以開水洗淨後擠乾。
2. 紅蘿蔔切細條，汆燙後沖涼。
3. 乾海帶芽泡冷開水。
4. 豆干汆燙後，待涼切薄片。
5. 拌勻以上食材，加鹽調味，再滴胡麻油及烏醋少許。
6. 擺盤後灑上少許七味粉即可食用。

營養分析（1 人份）	
熱量（大卡）	82
蛋白質（公克）	5.5
脂肪（公克）	4.2
醣類（公克）	5.6
膳食纖維（公克）	2.5
菸鹼素（毫克）	0.6
鉀（毫克）	274.0
鐵（毫克）	1.5

筍翅燴翡翠

食材

龍鬚菜 300g、去殼竹筍 200g、薑絲 10g、大蕃茄 1 個 150g、柳丁 1 個 100g。（可做 8 人份）

龍鬚菜盛產期：4 至 10 月

調味

橄欖油 1 大匙、醬油 1 中匙、太白粉 1 小匙、鹽 1 小匙、香油 1 小匙。

作法

1. 竹筍切尖絲如翅備用。
2. 乾鍋不加油，煎香薑絲，再入橄欖油、香油拌炒，隨後入筍絲，炒約 3 分鐘，沿熱鍋邊入醬油，待炒出香氣後，以太白粉水勾薄茨後盛起。
3. 另燒一小鍋水汆燙龍鬚菜（水中加少許橄欖油及鹽，可保青菜翠綠）。
4. 將汆燙好的龍鬚菜以少許鹽及香油調味。
5. 蕃茄、柳丁洗淨後切薄片，擺盤裝飾後入龍鬚菜、筍絲即可。

營養分析（1 人份）	
熱量（大卡）	58
蛋白質（公克）	2.3
脂肪（公克）	2.7
醣類（公克）	6.1
膳食纖維（公克）	1.9
菸鹼素（毫克）	0.5
鐵（毫克）	0.9
鋅（毫克）	0.5

海珊瑚沙拉

食材

濕海珊瑚 200g、鳳梨 1/4 個 200g、小黃瓜 1 條 130g、嫩薑 80g。（可做 8 人份）

鳳梨盛產期：5 至 8 月

調味

鹽、香油。

沾醬

沙拉醬 2 大匙、花生粉 1 大匙、甘草梅子粉 2 中匙、芥末 1 小匙。

作法

1. 海珊瑚洗淨泡水 6 小時後，用冷開水沖洗。。
2. 小黃瓜、嫩薑洗淨切細絲拌鹽，之後用冷開水沖洗瀝乾後，拌少許香油。
3. 將鳳梨切塊或切細條，與海珊瑚、小黃瓜絲、薑絲依個人喜好擺盤，沾拌勻的醬汁食用。

美味提醒

1. 乾的珊瑚草浸泡後，體積會增加為原本的 3 ～ 5 倍量，取適量即可。
2. 泡過水的海珊瑚，若變得太長，可用剪刀剪成數段，食用時口感更好。

營養分析（1 人份）	
熱量（大卡）	128
蛋白質（公克）	8.0
脂肪（公克）	4.0
醣類（公克）	14.9
膳食纖維（公克）	4.1
菸鹼素（毫克）	1.3
鉀（毫克）	857.4
鈣（毫克）	59.7

蒟蒻拌綠蔬

食材

蒟蒻 150g、西洋芹 100g、紅蘿蔔 20g、榨菜絲 20g、白醋少許。（可做 4 人份）

沾醬

味噌 1/2 大匙、橘醬 1 大匙、蜂蜜 2 大匙。

作法

1. 蒟蒻切片後以醋水氽燙，洗淨切條狀。西洋芹、紅蘿蔔洗淨後切條狀氽燙。
2. 榨菜切絲後泡鹽水，再以清水沖去鹹味。將所有材料擺盤，沾醬調勻後淋上即可。

美味提醒

1. 榨菜如果太鹹，泡等量鹽水可還原。
2. 沾醬加入客家橘醬，滋味酸甜可開胃。

營養分析（1 人份）	
熱量（大卡）	56
蛋白質（公克）	0.9
脂肪（公克）	0.4
醣類（公克）	12.2
膳食纖維（公克）	3.2
菸鹼素（毫克）	0.3
鐵（毫克）	0.8
鋅（毫克）	0.2

Chapter 4

樂活蔬食

蔬菜怎麼炒才好吃？
如何料理才能有變化，營養也加分？
刺瓜、芥菜、茄子、娃娃菜、糯米椒、橄欖菜……
這些食材，不知如何烹調？
換個方式料理，簡單蔬菜變得更豐富。

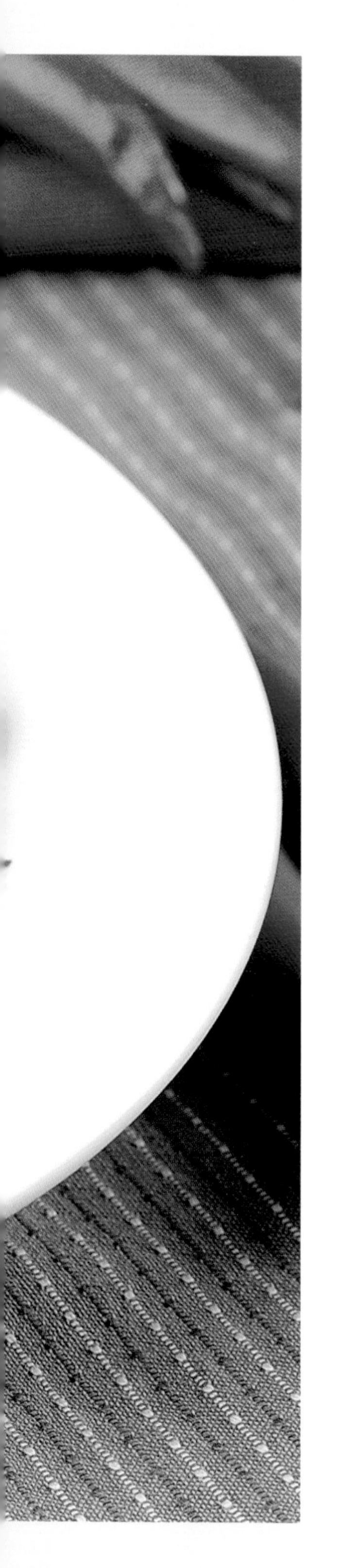

雪裡紅燒皇帝豆

食材

雪裡紅（醃製的芥葉）600g、皇帝豆 180g、薑末 10g、紅辣椒 1/2 條 10g。（可煮 10 人份）

調味

橄欖油 2 大匙、鹽、香油各 1 小匙。

作法

1. 將雪裡紅切小段，然後汆燙（水中加油、鹽，可保持雪裡紅翠綠）。
2. 將皇帝豆燙熟，原來的高湯先留下。
3. 先用乾鍋「不加油」小火將薑烘去水分，再加橄欖油及少許香油，將薑慢慢煨出香味，製成薑油。
4. 用薑油炒香雪裡紅，再放入皇帝豆拌炒，最後加入紅辣椒配色及鹽、香油調味。

美味提醒

為了避免雪裡紅葉子糾纏不斷，應先攤開雪裡紅葉子部分，先切直刀再切小段。

營養分析（1 人份）	
熱量（大卡）	66
蛋白質（公克）	2.5
脂肪（公克）	3.7
醣類（公克）	5.7
膳食纖維（公克）	2.1
菸鹼素（毫克）	0.3
鉀（毫克）	296.0
鐵（毫克）	3.1

茭白筍炒鮮菇

食材

茭白筍 300g、西洋芹 100g、鮮香菇 100g、薑片 10g。（可煮 7 人份）

茭白筍產期：5 至 11 月

調味

食用油 2 大匙、鹽 1/2 小匙、香油 1 小匙。

作法

1. 茭白筍去殼洗淨後切約 0.3 公分的斜片、鮮香菇洗淨後亦切薄片備用。
2. 西洋芹洗淨後切斜片入熱水汆燙，水中加少許鹽、油，可保持翠綠。
3. 乾鍋入薑，小火煎香薑片，再加食用油及少許香油將薑爆香，製成薑油後，放入所有食材快速拌炒至熟，以鹽及香油調味即可。

美味提醒

茭白筍建議挑選表皮光滑、筍支肥厚，筍肉無黑點（若帶殼，可由切面觀察），品質較好。若切片時發現筍心有黑點，不用擔心，這是菰黑穗菌（有此菌才能長成茭白筍），對人體無害。

營養分析（1 人份）	
熱量（大卡）	64
蛋白質（公克）	1.2
脂肪（公克）	5.2
醣類（公克）	3.3
膳食纖維（公克）	1.6
菸鹼素（毫克）	0.8
鐵（毫克）	0.3
鋅（毫克）	0.3

糯米椒炒豆豉

食材

糯米青辣椒 350g、嫩薑 20g、乾素肉末 10g、紅辣椒片 2g。（可煮 6 人份）

糯米青辣椒產期：11 月至隔年 5 月

調味

醬油 1 小匙、豆豉 1 大匙、橄欖油 1 小匙、香油少許。

作法

1. 乾素肉末泡軟洗淨後，用廚房紙巾吸除水分。
2. 糯米青辣椒洗淨後去蒂切段、嫩薑切成短絲備用。
3. 先用乾鍋「不加油」小火將薑烘去水分，再加橄欖油及少許香油，將薑慢慢煨出香味，製成薑油。
4. 用薑油炒香素肉末後加豆豉，並從熱鍋邊淋醬油促香，待飄香時盛起備用。
5. 重新熱鍋炒香青辣椒，炒軟後入步驟 4 的豆豉素肉末，起鍋前入紅辣椒片拌炒點綴即可。

美味提醒

1. 糯米青辣椒是無辣味的辣椒品種。
2. 乾素肉末可改為菜脯，此料理味道偏重，適合配飯。

營養分析（1 人份）	
熱量（大卡）	117
蛋白質（公克）	3.7
脂肪（公克）	7.2
醣類（公克）	9.3
膳食纖維（公克）	4.4
菸鹼素（毫克）	0.2
鉀（毫克）	267.3
鐵（毫克）	4.9

白果綠角瓜

食材

澎湖絲瓜 1 條去皮 350g、銀杏 20g、薑 5g。（可煮 5 人份）

澎湖絲瓜盛產期：5 至 8 月

營養分析（1 人份）	
熱量（大卡）	61
蛋白質（公克）	1.6
脂肪（公克）	3.2
醣類（公克）	6.5
膳食纖維（公克）	1.6
菸鹼素（毫克）	0.1
鉀（毫克）	102.0
鐵（毫克）	2.4

調味

橄欖油、香油、鹽、太白粉。

作法

1. 先將銀杏洗好泡於冰糖水中，煮開後再浸泡一下。
2. 將去皮的澎湖絲瓜切塊汆燙。
3. 先用乾鍋「不加油」小火將薑烘去水分，再加橄欖油及少許香油，將薑慢慢煨出香味，製成薑油。
4. 用薑油炒香絲瓜，再入銀杏拌炒調味，之後用少許太白粉水芶芡，淋上香油即可上桌。

洋菇炒小黃瓜

食材

小黃瓜 150g、洋菇 150g、紅甜椒 10g、薑絲 5g。（可煮 4 人份）

小黃瓜盛產期：3 至 9 月

洋菇盛產期：10 月至翌年 2 月

調味

橄欖油 1 大匙、鹽 1 小匙、香油 1 小匙。

作法

1. 小黃瓜洗淨後斜切約 0.3 公分薄片，拌少許鹽去澀味後，以清水沖洗。
2. 紅甜椒洗淨後切薄片，汆燙備用（水中可加少許鹽、油，維持甜椒色澤）。
3. 洋菇洗淨切薄片，以乾鍋炒香後，入薑絲拌炒，待飄出薑香，再加入橄欖油、小黃瓜、甜椒片快速拌炒，最後以鹽調味。

美味提醒

為了保持小黃瓜爽脆口感，拌炒時間不宜過長。

營養分析（1 人份）	
熱量（大卡）	66
蛋白質（公克）	1.8
脂肪（公克）	5.3
醣類（公克）	2.8
膳食纖維（公克）	1.2
菸鹼素（毫克）	1.5
鐵（毫克）	0.5
鋅（毫克）	0.3

娃娃菜炒蕈菇

食材

娃娃菜 300g、杏鮑菇 100g、薑片 10g、乾黑木耳 5g。（可煮 5 人份）

娃娃菜盛產期：冬末初春。

調味

食用油 2 小匙、香麻油 1 小匙、鹽 [illegible] 小匙。

作法

1. 乾黑木耳用水泡軟，洗淨後切大片汆燙。
2. 娃娃菜洗淨切塊後汆燙（水裡加少許鹽、油，可保持色澤）。
3. 杏鮑菇洗淨切塊，用乾鍋炒香後盛起備用。
4. 薑片製薑油，加入黑木耳、娃娃菜及杏鮑菇炒香後調味。

美味提醒

1. 汆燙時水中有鹽、油，拌炒時可減少油量。
2. 食材先汆燙，拌炒時熟度、口感較一致。
3. 薑油作法：先用乾鍋「不加油」小火將薑片烘除水分，再加橄欖油及少許香麻油，將薑慢慢煨出香味即完成。

營養分析（1 人份）	
熱量（大卡）	58
蛋白質（公克）	1.1
脂肪（公克）	4.2
醣類（公克）	3.8
膳食纖維（公克）	2.0
菸鹼素（毫克）	0.7
鐵（毫克）	0.4
鋅（毫克）	0.2

認識娃娃菜

此料理用的娃娃菜，和「迷你大白菜」品種不同，正式名稱是「抱子芥菜」，原產於中國四川，因莖部粗大，外側環繞側芽，彷彿許多孩子圍繞在母親身旁，故臺灣菜農稱為「娃娃菜」或「人參菜」。屬芥菜的一種，但完全沒有芥菜的苦甘味，口感像芥菜與菜心的綜合體，鮮嫩清甜。

娃娃菜喜愛冷涼氣候，氣溫越低，側芽長得越長，口感越細緻，臺灣目前生產的區域為新竹尖石、臺中大禹嶺、梨山等 1500 公尺以上的高冷蔬菜區。

香菇燜桂竹筍

食材

桂竹筍 300g、紅辣椒 80g、小乾香菇 10 朵 40g、薑片 40g、甘草 1 片。（可煮 6 人份）

桂竹筍盛產期：4 至 5 月

調味

橄欖油、香油、薑片、醬油膏 1 大匙、鹽。

作法

1. 軟化香菇：早上出門前先將乾香菇用溫水沖洗 3 次後，入塑膠袋密封，置於冰箱冷藏，待其自然軟化，下班回家即可取出烹調，經此程序，香菇較香 Q。
2. 將桂竹筍切成大段，洗淨汆燙；紅辣椒去籽斜切段。
3. 先用乾鍋「不加油」小火將薑烘去水分，再加橄欖油及少許香油，將薑慢慢煨出香味，製成薑油。
4. 用薑油爆香香菇，接著放入桂竹筍、辣椒炒香，再加水少許淹到食材，最後加入調味料拌炒後，放入電鍋蒸 20 分鐘。待電鍋開關跳起後，稍攪拌再燜一段時間入味即可上桌。

營養分析（1 人份）	
熱量（大卡）	83
蛋白質（公克）	2.5
脂肪（公克）	5.3
醣類（公克）	6.5
膳食纖維（公克）	5.2
菸鹼素（毫克）	1.4
鉀（毫克）	313.9
鋅（毫克）	1.3

甜椒五彩蔬

食材

紅、黃、綠甜椒各 120g、洋菇 100g、炸豆包 80g。（可煮至 7 人份）

甜椒盛產期：12 月至翌年 5 月

調味

橄欖油 2 大匙、義式綜合香料 1 小匙、鹽 1/2 小匙。

作法

1. 所有甜椒洗淨後切滾刀塊，入熱水快速汆燙（水中放少許油、鹽，可維持甜椒色澤）。
2. 豆包切小方塊。
3. 洋菇約切 0.6 公分厚片，用乾鍋小火炒香，盛起備用。
4. 鍋入橄欖油及義式綜合香料爆香後，加入所有食材拌炒調味即可上桌。

美味提醒

1. 菇類以不加油的乾鍋，小火炒出蕈菇香，更可口。
2. 若喜歡義式綜合香料的香氣，料理時可再增加分量。

營養分析（1 人份）	
熱量（大卡）	101
蛋白質（公克）	3.1
脂肪（公克）	8.1
醣類（公克）	3.9
膳食纖維（公克）	1.6
菸鹼素（毫克）	1.0
鐵（毫克）	0.6
鋅（毫克）	0.4

醋溜土豆絲

食材

馬鈴薯 500g、青椒 20g、紅蘿蔔 20g。（可做 7 人份）

調味

食用油 1 大匙、鹽 1 小匙、白醋 10cc、糖 1 小匙、花椒 1 小匙。

作法

1. 馬鈴薯切細條（約 0.5 公分），放入冷水中抓洗幾次後（換水 2 ～ 3 次），瀝乾備用。
2. 青椒、紅蘿蔔洗淨後切更細的細絲（約 0.3 公分）備用。
3. 冷油入花椒，小火爆香後撈去花椒。
4. 將花椒油轉大火，入青椒絲、紅蘿蔔絲、馬鈴薯絲拌炒。
5. 最後以鹽調味，再淋上白醋及少許糖，拌炒至味道融合即可。

美味提醒

1. 馬鈴薯在大陸華北、東北地區俗稱土豆。
2. 將馬鈴薯絲上的澱粉沖洗乾淨，才會有爽脆口感；但沖過多次水，馬鈴薯絲會變得乾爽無汁，故沖洗 2 ～ 3 次即可。
3. 加了醋的馬鈴薯絲會變得較硬，所以醋不可太早入鍋，最好的時機是青椒、紅蘿蔔炒到快好時，才放入馬鈴薯絲，之後再加醋調味。

營養分析（1 人份）	
熱量（大卡）	106
蛋白質（公克）	2.1
脂肪（公克）	4.6
醣類（公克）	14.2
膳食纖維（公克）	1.4
菸鹼素（毫克）	1.0
鐵（毫克）	0.4
鋅（毫克）	0.5

豇豆炒豆干

食材

豇豆 300g、豆干 50g、素肉（香菇蒂頭）50g、嫩薑 10g、紅辣椒 5g。（可煮 6 人份）

豇豆盛產期：4 至 9 月

調味

麻油 2 大匙、醬油 1 小匙、鹽 1/2 小匙、黑胡椒粉 1/2 小匙。

作法

1. 豇豆洗淨折短段後汆燙備用，薑切細絲、紅辣椒洗淨切斜片備用。
2. 豆干洗淨切片後入鍋煎香。
3. 素肉（以香菇蒂頭製成）洗淨後，撥成細條狀。
4. 取乾鍋入素肉煎乾水分後，加入麻油煎香；再沿熱鍋邊滴入醬油促香，再灑上黑胡椒粉，最後入其他食材拌炒及加鹽調味。

營養分析（1 人份）	
熱量（大卡）	98
蛋白質（公克）	4.8
脂肪（公克）	6.8
醣類（公克）	4.3
膳食纖維（公克）	2.1
菸鹼素（毫克）	0.6
鐵（毫克）	1.2
鋅（毫克）	0.6

黑胡椒炒刺瓜

食材

大黃瓜（刺瓜）1 條 500g、洋菇 200g、紅甜椒 30g、薑末 40g。（可煮 9 人份）

調味

食用油 2 大匙、黑胡椒粉 1 小匙、胡麻油 1 小匙、鹽 1 小匙。

作法

1. 大黃瓜去皮對切去籽後切粗條，加鹽拌勻，靜置 15 分鐘後再用水洗淨。
2. 紅甜椒洗淨後切細條汆燙（水中加少許鹽、油，有助維持食材新鮮色澤）。
3. 洋菇洗淨後對切，乾鍋不加油炒香後，淋上少許胡麻油及黑胡椒粉，拌炒後起鍋備用。
4. 先用乾鍋「不加油」小火將薑烘去水分，再加橄欖油及少許香油，將薑慢慢煨出香味，製成薑油。
5. 用薑油炒香刺瓜，之後放入其它食材炒勻，加鹽調味即可。

美味提醒

清洗菇類時切忌泡水，快速沖水洗淨即可，以免菇類含過多水分，影響口感。

營養分析（1 人份）	
熱量（大卡）	57
蛋白質（公克）	1.1
脂肪（公克）	4.1
醣類（公克）	3.9
膳食纖維（公克）	1.3
菸鹼素（毫克）	1.0
鉀（毫克）	150.2
鐵（毫克）	0.4

蓮藕菱角炒素排骨

食材

蓮藕 150g、菱角 150g、黃甜椒 150g、青椒 100g、素排骨 100g、紅棗 10 粒。（可煮至 9 人份）

菱角產期：9 至 11 月

調味

鹽 1/2 小匙、冰糖 1 匙、香油少量。

營養分析（1 人份）	
熱量（大卡）	107
蛋白質（公克）	1.4
脂肪（公克）	5.8
醣類（公克）	12.3
膳食纖維（公克）	2.7
菸鹼素（毫克）	0.8
鐵（毫克）	2.1
鋅（毫克）	0.2

作法

1. 蓮藕、菱角洗淨後分別切塊蒸熟備用。
2. 素排骨拌少許香油及水後蒸軟備用。
3. 黃甜椒、青椒洗淨切塊後汆燙（水中加少許鹽、油，有助維持食材新鮮色澤）。
4. 乾紅棗先切一刀，用冰糖加水燒煮或蒸透，口感更佳。
5. 將以上食材入熱鍋拌炒後，以鹽及步驟 4 的冰糖水調味，即可上桌。

美味提醒

將蒸煮紅棗的冰糖水用於調味，可增加食材亮度。

紅燒冬瓜

食材

帶皮冬瓜 450g、紅棗 30g、乾香菇 15g、乾蓮子 5g、薑絲 10g、榨菜末 5g。（可煮 6 人份）

冬瓜盛產期：4 至 10 月

調味

醬油膏 3 大匙、食用油 1 大匙、香油 1 小匙。

作法

1. 將對切開的帶皮冬瓜去囊籽，使其呈盅狀，放置在有深度的蒸盤上。
2. 先用乾鍋「不加油」小火將薑烘去水分，再加橄欖油及少許香油，將薑慢慢煨出香味，製成薑油。
3. 軟化香菇：先以溫水將乾香菇洗淨 2 至 3 次，再將微濕的乾香菇放入塑膠袋密封約 2 至 3 小時即軟化，如此處理，乾香菇能保留香氣與口感，比直接泡水軟化的無味乾香菇好吃。
4. 以薑油炒香榨菜末及香菇後，加入醬油膏拌炒，再加些許水製成濃高湯，後入紅棗及蓮子。
5. 最後將以上湯汁及食材倒入冬瓜內蒸熟即可。

營養分析（1 人份）

熱量（大卡）	73.3
蛋白質（公克）	1.9
脂肪（公克）	3.6
醣類（公克）	8.4
膳食纖維（公克）	1.9
菸鹼素（毫克）	0.9
鐵（毫克）	0.7
鋅（毫克）	0.3

美味提醒

1. 製作濃高湯時，水不用加太多，因為冬瓜水分多。
2. 冬瓜不切，營養較不易流失，可等上桌後再切塊食用。

芋梗炒豆醬

食材

芋頭梗含芋頭 400g、薑絲 20g。（可煮 6 人份）

芋頭產期：11 月至隔年 4 月

調味

食用油 3 大匙、豆瓣醬 1 大匙、香油 1 小匙。

作法

1. 芋梗與芋頭洗淨後分開切塊。
2. 乾鍋「不加油」小火將薑片烘去水分，再加食用油及少許香油，將薑慢慢煨出香味，製成薑油。
3. 用薑油炒香芋頭，加水再入芋梗拌炒。
4. 最後加入豆瓣醬調味即可上桌。

美味提醒

1. 芋梗（俗稱芋懷）最好當日烹煮；若未煮要置於冰箱，3 天內烹煮完畢。
2. 芋梗含較強的植物鹼，一定要煮透才能破壞植物鹼，否則食用時易感覺咬嘴。若食用後感覺咬嘴或喉嚨發癢，只需再將芋梗放入鍋內煮熟，即可食用。
3. 如清洗芋頭後手癢，可用檸檬汁或鹽巴搓手，再用冷水沖洗乾淨。

營養分析（1 人份）	
熱量（大卡）	101
蛋白質（公克）	1.3
脂肪（公克）	8.9
醣類（公克）	4.0
膳食纖維（公克）	1.4
菸鹼素（毫克）	0.5
鐵（毫克）	0.4
鋅（毫克）	0.4

橄欖菜炒銀芽

食材

橄欖菜 300g、綠豆芽 30g、黑木耳 20g、紅蘿蔔 10g、薑絲 10g。（可煮 5 人份）

橄欖菜盛產期：11 月至翌年 4 月

調味

橄欖油 2 大匙、鹽 1 小匙、香油 1 小匙。

作法

1. 先將豆芽菜去頭尾洗淨即成銀芽。
2. 取一鍋煮水，水中加少許油、鹽，待水一滾，即入銀芽，汆燙 15 秒即快速起鍋（無須再等到水煮開）。
3. 橄欖菜洗淨後汆燙備用。
4. 紅蘿蔔及黑木耳洗淨後切細絲。
5. 先用乾鍋「不加油」小火將薑烘去水分，再加橄欖油及少許香油，將薑慢慢煨出香味，製成薑油。
6. 以薑油炒香橄欖菜，再拌炒紅蘿蔔絲、黑木耳絲，最後再快速拌炒銀芽，以鹽、香油調味即可食用。

美味提醒

此道菜的美味關鍵在於「爽脆的口感」，因此豆芽菜要去頭尾且快速汆燙，紅蘿蔔及黑木耳要盡可能切細，最後快速拌炒食材，才能保持爽脆口感。

營養分析（1 人份）	
熱量（大卡）	84
蛋白質（公克）	0.9
脂肪（公克）	7.4
醣類（公克）	3.4
膳食纖維（公克）	1.5
菸鹼素（毫克）	0.4
鐵（毫克）	1.0
鋅（毫克）	0.2

蒟蒻烏蔘燴芥菜

食材

芥菜 300g、蒟蒻烏蔘 120g、乾金針 15g、薑片 10 g。（可煮 6 人份）

芥菜產期：四季皆有

調味

醋（醋水用）、橄欖油、麻油、鹽。

作法

1. 蒟蒻烏蔘切斜片後，用醋水汆燙洗淨。
2. 乾金針泡水 30 分鐘後，汆燙後撈起備用。
3. 芥菜切成花瓣狀（近葉部對稱斜切兩刀）；其餘切條狀後一起汆燙。
4. 先用乾鍋「不加油」小火將薑烘去水分，再加橄欖油及少許麻油，將薑慢慢煨出香味，製成薑油。
5. 用薑油炒香芥菜，加鹽調味後，取出芥菜置於盤中。
6. 鍋中湯汁續入蒟蒻烏蔘及金針（若湯汁不夠，可再加少許水），煮透後取出裝盤。
7. 將湯汁加少許麻油，淋於食材上。

美味提醒

蒟蒻類須泡水冷藏，千萬不可置冷凍。

營養分析（1 人份）	
熱量（大卡）	48
蛋白質（公克）	0.4
脂肪（公克）	2.6
醣類（公克）	1.8
膳食纖維（公克）	0.5
菸鹼素（毫克）	0.1
鐵（毫克）	0.4
鋅（毫克）	0.1

營養分析（1人份）

熱量（大卡）	72.5
蛋白質（公克）	1.2
脂肪（公克）	6.0
醣類（公克）	3.3
膳食纖維（公克）	1.7
菸鹼素（毫克）	0.7
鉀（毫克）	238.8
鐵（毫克）	0.3

鮮竹筍炒嫩薑絲

食材

綠竹筍（去殼）300g、嫩薑絲100g、紅蘿蔔30g、乾香菇3朵15g。（可煮6人份）

綠竹筍盛產期：6至8月

調味

食用油2大匙、鹽、香油1小匙。

作法

1. 軟化香菇：早上出門前先將乾香菇用溫水沖洗3次後，入塑膠袋密封，置於冰箱冷藏，待其自然軟化，下班回家即可取出烹調，經此程序，香菇較香Q。
2. 將鮮竹筍、紅蘿蔔切成0.5公分的細條。
3. 乾香菇軟化後切成細條，炒香盛起備用。
4. 用嫩薑製薑油，炒香竹筍絲，最後放入其他食材拌炒即可。

美味提醒

夏季才有美味竹筍及嫩薑，烹煮當令食材，簡單調味即能吃到鮮甜滋味。

百頁炒青椒

食材

百頁豆腐 300g、青椒 100g、黑木 80g、紅蘿蔔 30g。（可煮 7 人份）

調味

橄欖油 2 大匙、鹽、胡椒粉少許。

作法

1. 青椒、黑木耳切細條（約 0.6 公分）、紅蘿蔔切細條（約 0.3 公分），分別汆燙至半熟。
2. 百頁豆腐切細條（約 0.8 公分），下鍋煎至淡金黃色起鍋備用。
3. 先用乾鍋「不加油」小火將薑片烘去水分，再加橄欖油及少許香油，將薑慢慢煨出香味，製成薑油。
4. 用薑油將青椒、黑木耳、紅蘿蔔條炒熟後，再入百頁條拌炒調味。

美味提醒

1. 此道菜美味關鍵在於：要隨食材硬度，調整切料厚度。
2. 食材分別汆燙，可使軟硬度一致。建議先汆燙淡色食材，再燙深色食材。
3. 百頁條煎至金黃色即可，不可煎得太焦，以免變硬。

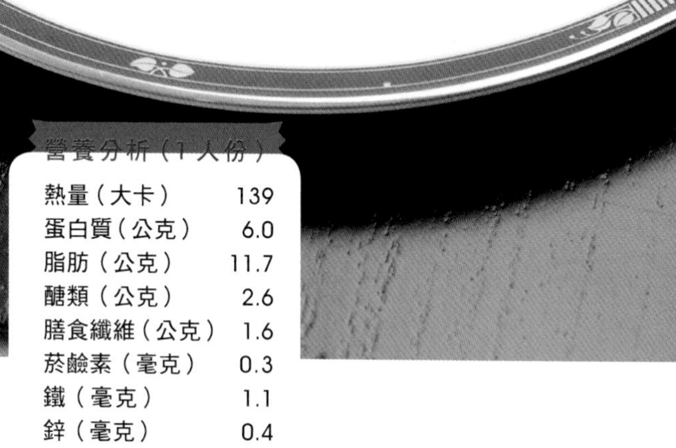

營養分析（1 人份）

熱量（大卡）	139
蛋白質（公克）	6.0
脂肪（公克）	11.7
醣類（公克）	2.6
膳食纖維（公克）	1.6
菸鹼素（毫克）	0.3
鐵（毫克）	1.1
鋅（毫克）	0.4

翠綠炒香菇

食材

芹菜 200g、細蘆筍 100g、鮮香菇 50g、紅黃甜椒各 30g。（可煮 5 人份）

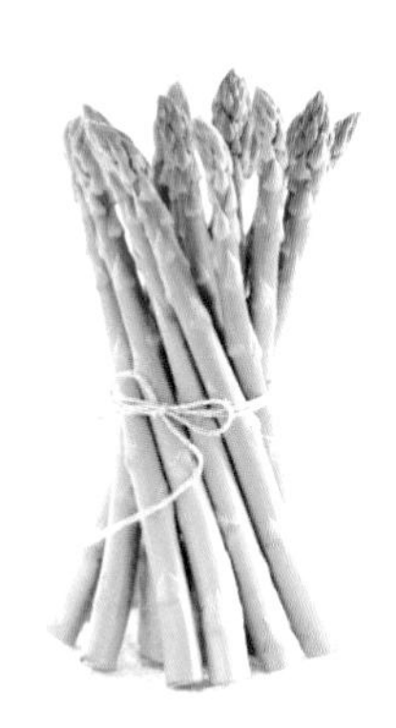

調味

食用油 2 大匙、香油 1 小匙、鹽 1 小匙。

作法

1. 芹菜、蘆筍、紅黃甜椒洗淨切細條後入油水分別汆燙。汆燙時間：芹菜＞紅黃甜椒＞蘆筍（水中加少許鹽、油，可維持食材色澤）。
2. 鮮香菇切片，乾鍋炒香，再入食用油及步驟 1 食材，最後以香油及鹽調味即可。

美味提醒

1. 食材分別汆燙後再炒，熟度口感較易一致。
2. 香菇先乾炒，香氣較濃。

營養分析（1 人份）	
熱量（大卡）	88
蛋白質（公克）	1.2
脂肪（公克）	7.3
醣類（公克）	4.5
膳食纖維（公克）	2.1
菸鹼素（毫克）	1.2
鐵（毫克）	0.9
鋅（毫克）	0.4

皇宮菜燉豆腐

食材

板豆腐 500g、皇宮菜 150g、素火腿 30g、乾香菇 20g、薑 10g。（可煮 10 人份）

調味

橄欖油 1 大匙、香油少許、醬油 2 大匙、醬油膏 1 大匙、滷包 1 包、甘草 1 片、冰糖 1 小匙、鹽少許。

作法

1. 軟化乾香菇，素火腿切厚片。
2. 薑切片製薑油，煎香素火腿及香菇，起鍋備用。
3. 再度熱鍋炒香醬油及醬油膏後，加入熱水（水要蓋過步驟 4 豆腐）、滷包、甘草片及冰糖。
4. 豆腐撥大塊入鍋，中火燉至六分熟後，加入香菇、素火腿燉透，再燜一會兒更入味，即可盛盤。
5. 皇宮菜洗淨後入油水汆燙（亦可取少許滷汁汆燙，但燙過蔬菜的滷汁不耐保存），置於豆腐上方即可上桌。

美味提醒

1. 軟化乾香菇祕訣：乾香菇用溫水沖洗 3 次後，入塑膠袋密封 2 ～ 3 小時會自然軟化，口感香 Q，若使用量大，可多做，冷藏 1 星期無礙。
2. 薑油作法：先用乾鍋「不加油」小火將薑片烘除水分，再加橄欖油及少許香油，將薑慢慢煨出香味即完成。
3. 料理時加入冰糖，食物會有光澤，過餐不暗沉。
4. 豆腐不規則撥塊，比刀切面積更大，更易吸入湯汁。
5. 此料理剩餘的湯汁，可用來煮麵。

營養分析（1 人份）	
熱量（大卡）	80
蛋白質（公克）	5.8
脂肪（公克）	3.3
醣類（公克）	6.8
膳食纖維（公克）	1.2
菸鹼素（毫克）	0.7
鐵（毫克）	1.6
鋅（毫克）	0.7

營養分析（1人份）

熱量（大卡）	78
蛋白質（公克）	1.1
脂肪（公克）	6.3
醣類（公克）	4.0
膳食纖維（公克）	2.0
菸鹼素（毫克）	1.0
鐵（毫克）	0.5
鋅（毫克）	0.2

食材

茄子 300g。（可煮 4 人份）

調味

XO 素醬 1 大匙、食用油 1 小匙。

醬拌紫茄

作法

1. 茄子洗淨對切，表皮斜切格紋（可更快熟及更美觀）再切段，每段約 6cm 長。
2. 於瓦斯爐上燒一鍋開水備用。
3. 取炒鍋熱油，油約 170 度時，快速將茄子過油，撈起茄子再快速入開水汆燙後擺盤（茄子在熱水中快速汆燙，可保持色澤及減去油漬）。
4. 在茄子上淋 1 大匙 XO 素醬即可食用。

XO 素醬作法

食材

香菇蒂頭 100g、蘿蔔乾 50g、乾皮絲 10g、福菜硬梗 10g、薑末 10g、豆豉 5g。（可製 500ccXO 素醬）

調味

食用油 3 大匙、香麻油 1 大匙、醬油 2 大匙、花椒油 2 大匙、韓國辣椒粉 1 大匙、匈牙利辣椒粉 1 大匙、胡椒粉 1 小匙、冰糖 1 小匙。

作法

1. 乾皮絲先泡熱水，再入電鍋蒸透，起鍋後洗淨切成細末。
2. 蘿蔔乾、香菇蒂頭、福菜硬梗皆洗淨切成細末。
3. 用乾鍋煎薑末烘去水分，再入食用油及香麻油，接著入豆豉炒香，並以鍋鏟按壓搗碎豆豉，再入其他食材拌炒後，從熱鍋邊淋下醬油促香，再加少許水、花椒油及所有調味煮透。

美味提醒

1. 匈牙利辣椒粉顏色鮮豔且帶有甜味，加入 XO 醬，會使醬料色澤更美。
2. 自製簡易花椒油作法：取一鍋，冷鍋時入食用油及花椒，小火爆香後不停攪拌，避免花椒焦黑，最後撈去花椒即成花椒油。

薑絲炒苦瓜

食材

苦瓜150g、薑絲20g、豆豉1小匙、枸杞數粒。（可煮3人份）

苦瓜盛產期：6月至隔年3月

營養分析（1人份）	
熱量（大卡）	99
蛋白質（公克）	1.1
脂肪（公克）	8.7
醣類（公克）	4.2
膳食纖維（公克）	1.7
菸鹼素（毫克）	0.5
鐵（毫克）	0.7
鋅（毫克）	0.2

調味

橄欖油1.5小匙、鹽1/2小匙。

作法

1. 苦瓜洗淨後去籽切0.2公分薄片，快速汆燙去苦味。枸杞泡水軟化備用。
2. 先用乾鍋「不加油」小火將薑烘去水分，再加橄欖油及少許香油，將薑慢慢煨出香味，製成薑油。
3. 以薑油炒香豆豉，再入苦瓜拌炒調味。
4. 盛起苦瓜，裝盤時撒上少許枸杞點綴，看來更可口。

美味提醒

1. 此道菜的美味關鍵在於：苦瓜切得愈薄，愈能減少苦味，且更能吸收薑油與豆豉香氣。
2. 此菜色可自行選擇薑絲與豆豉比例，此示範為薑絲多豆豉少，亦可豆豉多薑少，依個人喜好調整。

營養分析（1人份）

項目	數值
熱量（大卡）	115
蛋白質（公克）	3.1
脂肪（公克）	3.4
醣類（公克）	18.2
膳食纖維（公克）	3.5
菸鹼素（毫克）	0.9
鐵（毫克）	0.8
鋅（毫克）	0.5

食材

新鮮栗子 300g、冬筍 200g、綠椰花 150g、紅蘿蔔 100g、乾香菇 30g。（可煮 10 人份）

栗子盛產期：8 至 10 月

調味

醬油 1 大匙、醬油膏 1 大匙、冰糖少許。

鮮栗香菇筍

作法

1. 先製作花椒油及軟化乾香菇。乾香菇軟化後去蒂備用。
2. 綠椰花洗淨後切小朵汆燙備用。
3. 冬筍去殼洗淨後，置入冷水中煮去苦味，煮熟後撈起切塊，留下煮筍湯汁當高湯。
4. 紅蘿蔔洗淨後削皮切小塊，與洗淨的栗子一同入水煮七分熟後撈起備用。
5. 用花椒油爆炒香菇後，入醬油及醬油膏炒香，入步驟 3 煮筍湯汁及冰糖煮開後，入栗子、冬筍、紅蘿蔔燜煮至湯汁收乾。
6. 選一圓盤，將汆燙過的綠椰花及步驟 5 收乾之所有食材完成擺盤即可上桌。

美味提醒

1. 這是道較費工的大菜，可提早製作「花椒油」及「軟化香菇」備用。
2. 冬筍可用茭白筍、沙拉筍代替。

自製花椒油祕訣

食材

花椒 15g、桂皮 1 片、八角 2 粒、食用油、胡麻油適量。

作法

1. 將花椒、桂皮、八角洗淨，再擦乾剪碎備用。
2. 取一炒鍋，入食用油及胡麻油，冷鍋冷油時即放入花椒、桂皮、八角，再以小火溫油煎香。記得要不停攪拌，避免食材焦黑。
3. 約煎 2 分鐘，煨至顏色稍變即熄火，將食材續泡 30 分鐘，再取油使用。
4. 花椒油一次可多製作一些，隨時可加入菜餚增添香氣。

軟化乾香菇祕訣

早上出門前先將乾香菇用溫水沖洗 3 次後，入塑膠袋密封，置於冰箱冷藏，待其自然軟化，下班回家即可烹煮。這樣做比泡水軟化的乾香菇，口感更香 Q。

一品牛蒡

食材

牛蒡 200g、杏鮑菇 50g、紅蘿蔔 30g、太白粉 1 大匙、炸粉少許、白芝麻少許。（可煮 4 人份）

牛蒡盛產期：10 月至隔年 2 月

營養分析（1 人份）	
熱量（大卡）	103
蛋白質（公克）	1.8
脂肪（公克）	3.6
醣類（公克）	15.6
膳食纖維（公克）	4.0
菸鹼素（毫克）	0.3
鉀（毫克）	252.2
鐵（毫克）	0.6

調味

橄欖油 1 小匙、鹽少許、白胡椒粉 1 小匙。

作法

1. 先將牛蒡、紅蘿蔔切細絲。
2. 杏鮑菇切細絲後，灑上少許鹽、白胡椒粉拌勻，再均勻灑上太白粉後裹炸粉，入油鍋煎成金黃色狀似肉絲便撈起。
3. 鍋中留下少許油炒香牛蒡，並燜軟，待 7 ～ 8 分熟時，加入紅蘿蔔絲及炸過的杏鮑菇絲拌炒。
4. 起鍋裝盤後，灑上白芝麻即可。

美味提醒

1. 牛蒡可先直切再斜切，如此省時省工。
2. 切好的牛蒡絲，可泡醋水以防變色，若不泡水直接炒，味道更自然甘甜。
3. 茹素者用新鮮杏鮑菇絲代替素肉絲，更健康美味。
4. 杏鮑菇抓鹽後會變得濕潤，隨後加入太白粉即可附著，亦有提味作用，所以此料理不需太多調味料。

Chapter 5
繽紛湯品

煮一鍋好喝的湯，溫暖自己，也溫暖全家人的腸胃。
不管春夏秋冬，選取新鮮的當令食材，
靈活地搭配，掌握火候技巧，
輕鬆就能喝進滿滿精華、補足元氣！

鮮筍香菇湯

食材

去殼綠竹筍 600g、素排骨 100g、乾香菇 30g、薑片 20g。（可煮 10 人份）

綠竹筍盛產期：6 至 8 月

營養分析（1 人份）	
熱量（大卡）	53
蛋白質（公克）	3.1
脂肪（公克）	0.9
醣類（公克）	8.1
膳食纖維（公克）	4.2
菸鹼素（毫克）	1.7
鐵（毫克）	0.8
鋅（毫克）	0.6

調味

鹽適量、香油 1 小匙、水 2000cc。

作法

1. 綠竹筍切片，乾香菇軟化後去蒂對半切。
2. 素排骨加入 1 小匙香油及少許水拌勻後，入電鍋蒸透。
3. 綠竹筍置入冷水中，煮至八分熟後，入素排骨及香菇、薑片，最後再以鹽巴調味即可上桌。

美味提醒

1. 軟化乾香菇祕訣：早上出門前先將乾香菇用溫水沖洗 3 次後，入塑膠袋密封，置於冰箱冷藏，待其自然軟化，下班回家即可烹煮。這樣做比直接泡水軟化的乾香菇，口感更香 Q。
2. 煮竹筍時，不能蓋鍋蓋以免出現苦味。

苦盡甘來

食材

苦瓜 1 條 300g、百頁豆腐 1 條 120g、薑汁 1 大匙。（可煮 6 人份）

苦瓜盛產期：6 月至隔年 3 月

調味

鹽適量、味噌 30g、甘蔗汁 150cc、水 700 cc。

作法

1. 將百頁豆腐切厚片，下鍋煎至兩面呈黃金色備用。
2. 苦瓜切塊汆燙後撈起備用。
3. 另取一鍋煮水，入苦瓜、百頁豆腐，煮至八分熟。
4. 將味噌加少許水調勻後入鍋，最後加入甘蔗汁煮滾，起鍋後淋上薑汁即可上桌。

美味提醒

除了湯頭加入甘蔗汁，亦可用甘蔗燉高湯，更為甘甜。

營養分析（1 人份）	
熱量（大卡）	82
蛋白質（公克）	3.8
脂肪（公克）	4.6
醣類（公克）	6.4
膳食纖維（公克）	0.8
菸鹼素（毫克）	0.3
鉀（毫克）	104.2
鈣（毫克）	21.3

忘憂排骨湯

食材

素排骨 200g、乾金針 70g、芹菜粒 10g。（可煮 6 人份）

調味

鹽適量、香油少許、水 800 cc。

作法

1. 將素排骨淋上香油 3 滴及少許水，放入電鍋蒸 10 分鐘。
2. 將乾金針泡水洗淨。
3. 取一鍋，將水煮滾，放入素排骨，再放金針，最後加鹽調味。
4. 起鍋後，灑上芹菜粒即可上桌。

營養分析（1 人份）	
熱量（大卡）	87
蛋白質（公克）	5.4
脂肪（公克）	3.3
醣類（公克）	8.7
膳食纖維（公克）	1.4
菸鹼素（毫克）	0.2
鉀（毫克）	112.7
鋅（毫克）	0.7

軟化乾金針祕訣

乾金針是脫水蔬菜，烹煮前先用水泡半小時，讓它恢復飽滿，接著換一次乾淨的水，再泡少許時間，烹煮後才會呈現爽脆口感，即使煮久，也不影響口感。

蔬食紅燒湯

食材

白蘿蔔（去皮）500g、黃玉米（1 支）280g、紅蘿蔔 200g、蘋果（1 個）200g、皮絲（溼）150g、蒟蒻 1 塊 150g、青江菜 50g、老薑 30g。（可煮 15 人份）

白蘿蔔盛產期：11 月至隔年 3 月

調味

辣豆瓣醬 1 大匙、豆瓣醬 2 大匙、醬油 1 大匙、滷包 1 包、鹽、香油少許。

作法

1. 油鍋爆香老薑後，加入豆瓣醬及醬油炒香，加水 2000cc，放入滷包，製成滷湯。
2. 皮絲泡軟後，放入電鍋蒸透再洗淨，剪成適當大小。
3. 蒟蒻放入醋水中汆燙，再洗淨切塊備用。
4. 將去皮的白蘿蔔切塊、黃玉米切段，放入滷湯中煮至 6 分熟後，再入切成塊的紅蘿蔔、蘋果及皮絲熬煮，最後放入蒟蒻塊，加鹽及香油調味。
5. 汆燙青江菜（水中加少許鹽、油，可保翠綠），起鍋後置入湯碗點綴即可上桌。

美味提醒

1. 滷包作法：可用棉袋裝當歸 1 大片、甘草 2 片、肉桂 1 小片製成，亦可去中藥行或超市買現成滷包。
2. 白蘿蔔皮、紅蘿蔔皮，亦可放入滷湯中熬煮，最後再撈出即可。
3. 這是一道食材豐富的湯品，也可減少水量，讓紅燒湯汁濃稠些，依個人喜好加入麵條或冬粉。

營養分析（1 人份）	
熱量（大卡）	83
蛋白質（公克）	4.1
脂肪（公克）	3.6
醣類（公克）	8.6
膳食纖維（公克）	2.4
菸鹼素（毫克）	0.5
鉀（毫克）	202.1
鐵（毫克）	1.0

南瓜燴高麗菜

食材

高麗菜200g、南瓜100g、白靈菇100g、乾腐皮12g、水適量。（可煮 5 人份）

調味

橄欖油及香油少許、薑絲 10 g、鹽適量。

作法

1. 高麗菜洗淨撕片、南瓜洗淨切塊、腐皮泡熱水洗淨、白靈菇洗淨切段備用。
2. 先用乾鍋「不加油」小火將薑絲烘去水分，待飄出薑香，再加少許橄欖油及香油，將薑煨出香味，製成薑油。
3. 用薑油先炒香高麗菜，再入南瓜，加水煮至南瓜七分熟後，放入腐皮、白靈菇，再加鹽調味即可盛盤享用。

營養分析（1 人份）	
熱量（大卡）	113
蛋白質（公克）	16.5
脂肪（公克）	2.6
醣類（公克）	5.8
膳食纖維（公克）	1.3
菸鹼素（毫克）	1.0
鐵（毫克）	0.9
鋅（毫克）	0.5

猴頭菇胡瓜湯

食材

大胡瓜 1 條 600g、猴頭菇 200g、白靈菇 150g、榨菜 2 片 15g。（可煮 6 人份）

胡瓜產期：12 月至隔年 2 月

調味

鹽適量。

作法

1. 大胡瓜洗淨後去皮，切圓桶狀；白靈菇洗淨後切段；榨菜洗淨後切絲備用。
2. 猴頭菇洗淨後切塊，汆燙後撈起備用。
3. 視食用量燒開滾水後，放入榨菜絲提味，再入胡瓜，最後入煮熟的猴頭菇及切段的白靈菇，最後加鹽調味即可上桌。

美味提醒

猴頭菇買真空包裝較可口。

營養分析（1 人份）	
熱量（大卡）	42
蛋白質（公克）	2.2
脂肪（公克）	0.5
醣類（公克）	7.2
膳食纖維（公克）	2.6
菸鹼素（毫克）	2.4
鐵（毫克）	0.7
鋅（毫克）	0.5

南瓜堅果濃湯

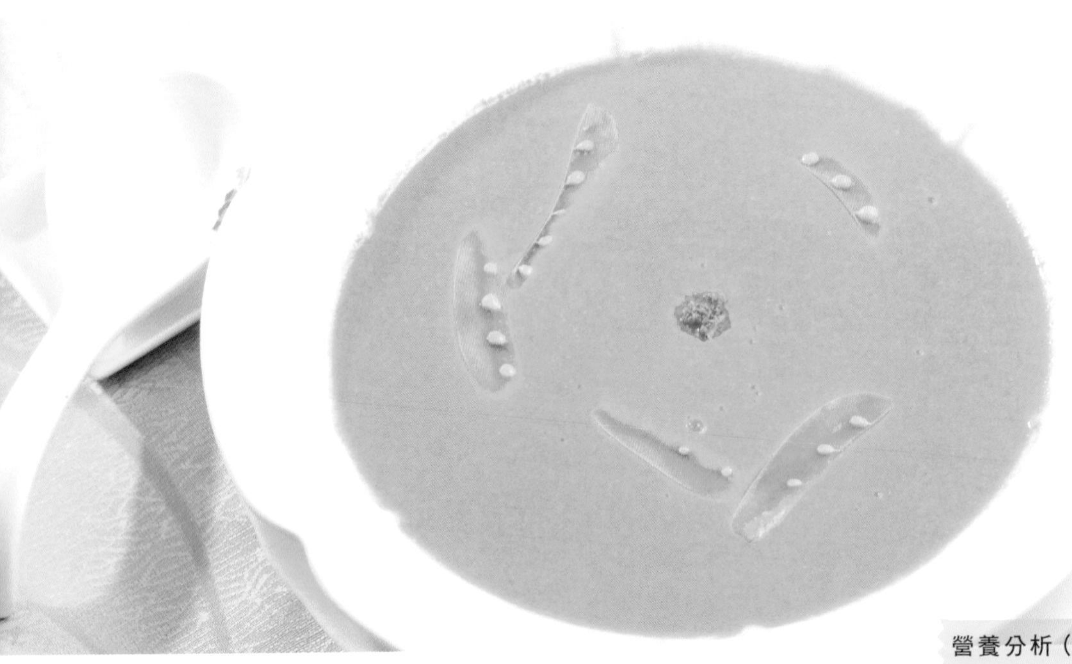

營養分析（1人份）

熱量（大卡）	60
蛋白質（公克）	2.1
脂肪（公克）	1.9
醣類（公克）	8.6
膳食纖維（公克）	1.0
菸鹼素（毫克）	0.4
鐵（毫克）	0.5
鋅（毫克）	0.4

食材

南瓜 200g、腰果 20g、豌豆莢 5 個。（可煮 5 人份）

調味

鹽適量、麵粉 1 小匙、水約 1000cc。

作法

1. 南瓜洗淨後去籽、切塊，用電鍋蒸熟。
2. 豌豆莢汆燙後備用。
3. 將蒸熟的南瓜及腰果，加水 400 cc，用果汁機打成泥。
4. 南瓜泥倒入鍋中加水約 600 cc 煮透，如果此時湯汁太稀，可加麵粉水調濃稠，如果太濃稠，可酌量加水。煮滾後加鹽調味即可起鍋盛盤，再以綠色豌豆莢點綴即可上桌。

冬瓜百菇湯

食材

冬瓜 250g、美白菇 50g、珊瑚菇 50g、鴻喜菇 50g、薑絲 25g。（可煮 5 人份）

冬瓜產期：4 到 10 月

調味

鹽適量、橄欖油及香油少許。

作法

1. 冬瓜洗淨切塊、菇類洗淨備用。
2. 先用乾鍋「不加油」小火將薑絲烘去水分，待飄出薑香，再加少許橄欖油及香油，將薑煨出香味，製成薑油。
3. 先以水 600cc 燉冬瓜湯，冬瓜煮熟後再入菇類、薑油，最後加鹽調味即可。

營養分析（1 人份）	
熱量（大卡）	32
蛋白質（公克）	1.0
脂肪（公克）	1.7
醣類（公克）	3.1
膳食纖維（公克）	1.5
菸鹼素（毫克）	1.0
鉀（毫克）	169.0
鐵（毫克）	0.3

枇杷銀耳蓮子湯

食材

乾白木耳 150g、蓮子 50g、紅棗 50g。（可煮 5 人份）

調味

枇杷膏、鹽適量。

作法

1. 乾白木耳先用冷水泡軟。
2. 將泡軟的白木耳去粗蒂用醋水汆燙，洗淨後切塊放入電鍋加水燉煮（水要淹過白木耳），開關跳起後最好再燜 3 小時，或用電鍋燉煮第 2 次，使其更為軟嫩。
3. 紅棗用刀劃兩下，放入冰糖水中，入電鍋蒸 5 分鐘備用。此冰糖水可加入甜湯調味，增加食材亮度。
4. 以 800cc 水煮白木耳與紅棗，水開後加入蓮子，再加少許鹽及適量枇杷膏調味即可享用。

美味提醒

1. 想要白木耳入口即化，更適合老人及幼兒食用，可利用夜間燜煮，延長燜煮時間。若想吃爽脆口感，則可縮短燜煮時間。
2. 白木耳富含膠質、維生素、膳食纖維等營養，可用果汁機打碎此料理中的白木耳，當成飲料食用。
3. 若季節許可，使用新鮮蓮子口感更加。

營養分析（1 人份）	
熱量（大卡）	110
蛋白質（公克）	1.6
脂肪（公克）	0.2
醣類（公克）	25.5
膳食纖維（公克）	14.0
菸鹼素（毫克）	0.3
鐵（毫克）	0.3
鋅（毫克）	0.1

紅薯薏仁甜品

食材

蕃薯300g、紅豆25g、薏仁25g、薑片10g。（可煮5人份）

調味

白糖1大匙、黑糖4大匙。

作法

1. 紅豆及薏仁洗淨泡水4小時（水約75cc），之後入電鍋煮熟，再加入1大匙白糖拌煮。
2. 蕃薯切塊，用電鍋蒸至八分熟備用。
3. 薑片先壓汁。取一鍋加入水800cc、薑汁、薑片、蕃薯塊，水滾後入紅豆及薏仁煮至入味，加入黑糖調味即可。

美味提醒

1. 使用黑糖較香。
2. 若紅豆及薏仁分開泡水、分開蒸煮，成品顏色看起來紅白分明；若不在意薏仁染成紅色，將紅豆及薏仁一起泡水蒸煮較省時。若煮一次不夠熟，電鍋的外鍋加水，再蒸煮第二次即可。
3. 煮豆類，務必熟透方可加糖。

營養分析（1人份）	
熱量（大卡）	138
蛋白質（公克）	2.5
脂肪（公克）	0.6
醣類（公克）	30.6
膳食纖維（公克）	2.2
菸鹼素（毫克）	0.6
鐵（毫克）	3.9
鋅（毫克）	0.5

| 編輯後記 |

愛上蔬食，紓壓忘憂

文／葉雅馨（大家健康雜誌總編輯）

「智慧糕」、「翠綠炒香菇」、「醋溜土豆絲」、「忘憂排骨湯」，外加「紅薯薏仁甜品」……。出書編輯已近完成，為寫後記，重複瀏覽一道道菜色，不禁開始品點其中喜歡的美味料理，兩個女兒詩豔、文婷也加入點菜行列，開始想像我們家以後吃蔬菜，可以不再只是汆燙外還是汆燙了，耶！

是的，《蔬食好料理：創意食譜，健康美味你能做！》是董氏基金會出版書籍以來的第一本食譜。從沒編輯過一本書，充滿這麼多味覺上的想像及「厚工」（台語）。歷時 6 年，黎華老師先是每月在大家健康雜誌裡「蔬食好料理」單元，設計及示範食譜；每月的創意食譜，是讀者最喜愛的內容之一，尤其每年 1 月號的雜誌，她設計的一道道大菜，真為準備年菜的婦女解決不少煩惱。

經常有讀者反映，期待能集結出版類似的書籍，加上近年來蔬食飲食風潮盛行，於是這本新書的出版一直在醞釀進行著。為了讓書的內容更為實用，我們和黎華討論多次，一目了然的設計，希望讓從未下廚的人，都有機會輕鬆上手，而擅長料理的老手，也可藉由書中的料理，看到更多意想不到的菜餚搭配，增進廚藝。此外，本書另一特點是專業營養師為每道食譜做營養分析，讓怕胖、想維持身材的人，都能夠參考熱量而選擇料理，並有專屬於輕食的篇章供您選擇。

蔬菜水果，常令人有種輕鬆感，它不單是身體健康的必需，其實也影響心理健康，當然指的不是吃了美味或難吃的菜餚，令人心情好或不好，而是當中有許多抗氧化元素，ß 胡蘿蔔素、維他命 C、E，在蔬果裡比比皆是，例如：花椰菜、A 菜、地瓜葉等深綠色蔬菜，都有著減壓抗憂的效果！

認識黎華超過 20 年，知道她向來鑽研素食料理，堪稱是「蔬食魔法師」，總把許多蔬食的特性發揮到極致，也能將簡單食材烹調成色香味俱全的美食。這本食譜是她做菜截至目前的菁華，無論基於環保或健康，跟著《蔬食好料理》做菜，不單讓生活更多美味，也會有紓壓忘憂的效果喔！

完成了美味健康的蔬食料理，卻發現食材用不完怎麼辦？
別擔心，可參考以下的食材分類，將用不完的食材，運用在其它料理！

- 娃娃菜：娃娃菜燴紅柿（P.10）、香菇滷味（P.45）
- 高麗菜：焗烤食蔬義大利麵（P.19）、涼拌海味蔬食（P.57）、南瓜燴高麗菜（P.117）
- 白椰花：白椰花蔬食（P.12）、焗烤時蔬義大利麵（P.19）
- 綠椰花：焗烤時蔬義大利麵（P.19）、咖哩馬鈴薯（P.25）、綠椰紅茄（P.47）、養生蔬果沙拉（P.55）、鮮栗香菇筍（P.105）
- 紅蘿蔔：白椰花蔬食（P.12）、焗烤食蔬義大利麵（P.19）、咖哩馬鈴薯（P.25）、芝麻口袋燒餅（P.29）、醬瓜素肉燥（P.36）、菇絲拉皮（P.43）、過貓炒筍絲（P.51）、涼拌海味蔬食（P.57）、蒟蒻拌綠蔬（P.62）、酸溜土豆絲（P.79）、橄欖菜炒銀芽（P.91）、鮮竹筍炒嫩薑絲（P.94）、百頁炒青椒（P.95）、鮮栗香菇筍（P.105）、一品牛蒡（P.106）、蔬食紅燒湯（P.115）

- 皇帝豆：黃金芋菇煲（P.23）、雪裡紅燒皇帝豆（P.65）
- 牛蒡：藕香牛蒡蒸飯（P.21）、一品牛蒡（P.106）
- 蓮藕：藕香牛蒡蒸飯（P.21）、蓮藕菱角炒素排骨（P.85）
- 芋頭：黃金芋菇煲（P.23）、荷香芋頭（P.31）
- 馬鈴薯：咖哩馬鈴薯（P.25）、酸溜土豆絲（P.79）
- 竹筍：竹筍粉絲煲（P.35）、過貓炒筍絲（P.51）、筍翅燴翡翠（P.59）、鮮竹筍炒嫩薑絲（P.94）、鮮筍香菇湯（P.109）
- 蘆筍：紅椒蘆筍拌杏鮑菇（P.39）、黃金扒蘆筍（P.53）、翠綠炒香菇（P.97）
- 西洋芹：蒟蒻拌綠蔬（P.62）、茭白筍炒鮮菇（P.67）
- 青椒：甜椒五彩蔬（P.77）、酸溜土豆絲（P.79）、蓮藕菱角炒素排骨（P.85）、百頁炒青椒（P.95）
- 紅椒：紅椒蘆筍拌杏鮑菇（P.39）、養生蔬果沙拉（P.55）、洋菇炒小黃瓜（P.71）、甜椒五彩蔬（P.77）、黑胡椒炒刺瓜（P.83）
- 黃椒：甜椒五彩蔬（P.77）、蓮藕菱角炒素排骨（P.85）、翠綠炒香菇（P.97）
- 番茄：娃娃菜燴紅柿（P.10）、綠椰紅茄（P.47）
- 小黃瓜：白椰花蔬食（P.12）、菇絲拉皮（P.43）、海珊瑚沙拉（P.61）、洋菇炒小黃瓜（P.71）
- 南瓜：南瓜燒凍豆腐（P.14）、黃金芋菇煲（P.23）、百香南瓜片（P.41）、黃金扒蘆筍（P.53）、南瓜燴高麗菜（P.117）、南瓜堅果濃湯（P.120）
- 苦瓜：涼拌梅乾苦瓜（P.49）、薑絲炒苦瓜（P.103）、苦盡甘來（P.111）
- 冬瓜：紅燒冬瓜（P.87）、冬瓜百菇湯（P.121）
- 鴻喜菇：白椰花蔬食（P.12）、冬瓜百菇湯（P.121）
- 鮮香菇：焗烤食蔬義大利麵（P.19）、茭白筍炒鮮菇（P.67）
- 洋菇：咖哩馬鈴薯（P.25）、洋菇炒小黃瓜（P.71）、甜椒五彩蔬（P.77）、黑胡椒炒刺瓜（P.83）
- 杏鮑菇：芝麻口袋燒餅（P.29）、紅椒蘆筍拌杏鮑菇（P.39）、菇絲拉皮（P.43）、綠椰紅茄（P.47）、娃娃菜炒蕈菇（P.73）、一品牛蒡（P.106）
- 白靈菇：南瓜燴高麗菜（P.117）、猴頭菇胡瓜湯（P.119）

蔬食好料理

創意食譜，
健康美味
你能做！

食譜設計示範／吳黎華

總編輯／葉雅馨
主編／楊育浩
執行編輯／蔡睿縈、林潔女
編輯協力／黃冠智、沈治辰
攝影／許文星
封面設計／比比司設計工作室
內頁排版／廖婉甄

出版發行／財團法人董氏基金會《大家健康》雜誌
發行人暨董事長／謝孟雄
執行長／姚思遠

地址／台北市復興北路 57 號 12 樓之 3
服務電話／02-27766133#252
傳真電話／02-27522455、02-27513606
大家健康雜誌網址／www.jtf.org.tw/health
大家健康雜誌部落格／jtfhealth.pixnet.net/blog
大家健康雜誌粉絲團／www.facebook.com/happyhealth

郵政劃撥／07777755
戶名／財團法人董氏基金會

總經銷／聯合發行股份有限公司
電話／02-29178022#122
傳真／02-29157212

法律顧問／眾勤國際法律事務所
印刷製版／沈氏藝術印刷

國家圖書館出版品預行編目 (CIP) 資料

蔬食好料理：創意食譜，健康美味你能做！
/ 吳黎華著 . -- 初版 . -- 臺北市：董氏基金會
<< 大家健康 >> 雜誌 , 2015.03
面；公分
ISBN 978-986-90432-4-3(平裝)

1. 食譜

427.31　104002063

出版日期／2015 年 3 月 26 日初版
2015 年 5 月 20 日二刷
定價／新台幣 350 元

本書如有缺頁、裝訂錯誤、破損請寄回更換
歡迎團體訂購，另有專案優惠，
請洽 02-27766133#252

本書感謝 HCG 和成欣業股份有限公司提供廚具展示中心場地及拍攝協助